Souleymane Samagassi
Abdellatif Khamlichi
Abdellah Driouach

Reconstruction de forces d'impact

Souleymane Samagassi
Abdellatif Khamlichi
Abdellah Driouach

Reconstruction de forces d'impact

Approche bayésienne de résolution du problème inverse

Éditions universitaires européennes

Publisher:
Éditions universitaires européennes
is a trademark of
Dodo Books Indian Ocean Ltd. and OmniScriptum S.R.L Publishing group
Str. Armeneasca 28/1, office 1, Chisinau-2012, Republic of Moldova, Europe
Printed at: see last page
ISBN: 978-3-8416-6797-7

Zugl. / Agréé par: Tétouan, UAE, Diss., 2015

Reconstruction de forces d'impact par l'approche bayésienne

Samagassi Souleymane
Khamlichi Abdellatif
Driouach Abdallah

Résumé

Le cadre général de ce travail est l'identification des forces engendrées par un multi-impact se produisant sur une structure élastique, à base de l'approche bayésienne de résolution de problème inverse. La reconstruction de force sert à déterminer l'ampleur des dommages subis par la structure suite à l'occurrence de choc et permet d'évaluer par ré-analyse sa capacité résiduelle. Lorsque la structure est représentée par un modèle discret, ayant la forme générale d'un système à matrice de Toeplitz, l'information acquise par les capteurs implantés sur la structure ne permet pas par simple inversion de cette matrice de recouvrer les forces d'entrées. D'une part le problème est généralement mal-conditionné et même souvent mal-posé, et d'autre part l'information est bruitée et le système peut lui-même être incertain. Extraire les signaux temporels des forces dans ces conditions en s'appuyant sur les mesures réalisées n'est pas une tâche évidente. Pour appréhender cette situation où plusieurs solutions peuvent exister ou bien lorsque la mesure est entachée de bruit, l'approche bayésienne s'est révélée être l'une des méthodes la mieux placée pour régulariser le problème. Cette approche se nourrit de l'information a priori et permet d'estimer les caractéristiques du signal à reconstruire par l'intermédiaire de la fonction densité de probabilités a posteriori. La prise en compte de l'information a priori se fait naturellement au moyen d'un modèle hiérarchique qui permet au système de s'auto-recaler selon un processus markovien qui converge vers le signal physique recherché. Le travail effectué ici a été centré sur l'évaluation de la capacité de la méthode bayésienne à identifier plusieurs chargements. Nous avons validé par des exemples numériques qui prennent en considération différentes énergies de bruits qui affectent les données et l'incertitude du modèle, que cette approche est robuste et permet de reconstruire les signaux temporels des forces présentes en entrées.

Le problème d'identification de force recouvre aussi la problématique importante de localisation de l'impact. Nous nous sommes attelés dans la dernière partie de ce travail à analyser la possibilité de localisation automatique du chargement en pratiquant l'identification de chargements multiples qui comprennent plusieurs trames nulles. La méthode bayésienne s'est montrée être très bien adaptée pour la localisation de la zone d'impact au travers de la reconstruction de chargements multiples. La technique d'acquisition compressée (*compressed sensing*) a été utilisée en effectuant la projection du signal force globale sur une base d'ondelettes. En abordant le problème dans le cadre de la théorie des poutres en présence d'une pression dynamique répartie et lorsque la poutre est modélisée par éléments finis, nous avons analysé l'identification simultanée des forces et des moments. Les résultats obtenus lors de ces applications ont montré la possibilité d'accéder de manière satisfaisante aux efforts utiles en jeu.

Abstract

The general framework of this thesis is about the identification of forces generated by multiple-impacts occurring on elastic structure by using the Bayesian approach to inverse problem solution. Reconstruction of a force is useful for determining the amount of damage undergone by a structure after a chock event and enables to evaluate through reanalysis of the structure its residual capacity. When the structure is represented by a discrete model, having the general form of a linear system with a Toeplitz like matrix, the information acquired by sensors which are implemented on the structure cannot yield by its own through simple inversion of that matrix to straightforwardly recovering the input forces. On one hand, the problem is habitually ill-conditioned and may be even ill-posed, and on the other hand the information is noisy and the system can suffer itself from some uncertainties. Extracting the temporal signals of the forces in these conditions by using the data collected form measurement is not an obvious task. To apprehend this situation, where several solutions may exist or the solution may be strongly affected by noise, Bayesian approach was revealed to be the most suitable way of achieving pretty regularisation of the problem. This approach takes advantage from the existing prior information and enables to estimate the characteristics of the signal to be reconstructed by means of the posterior probability density function. Taking account of the prior available information is carried out naturally within the context of hierarchical modelling that enables the system to undergo feedback regulation while enduring a pertinent Markovian process that converges to the sought after solution.

The research performed in this thesis was centred on evaluation of the aptitude of the Bayesian method to enable the identification of several loads that are applied on the structure in the common case where the number of sensors is less than the number of acting forces. Through conclusive numerical examples in the presence of different levels of noise affecting the data and the discrete model, this approach was found to be robust and enabled reconstruction of the forces considered as inputs. The problem of identification of forces encompasses fundamentally the important issue of impact zone localisation. In the last part of this work, the possibility of achieving automatic localisation of impacts by proceeding to identification of multiple loads containing vanishing forces was investigated. It was recognized that the Bayesian method provides excellent results for localisation of the impact zone by means of this reconstruction of multiple forces. Compressed sensing technique was used through the projection of the global force signal on a wavelet basis. Considering the problem of beams loaded by a distributed dynamic pressure, the problem of simultaneous identification of forces and moments has been analyzed. The obtained results have assessed the possibility to get satisfactorily these forces.

Abstract

Table des matières

Partie A : Introduction générale

Reconstruire des données, identifier des caractéristiques étant aussi deux grandes préoccupations qui couvrent tous les domaines de la physique et des sciences de l'ingénieur, dans cette partie tout en décrivant le cadre générale du sujet, nous contextualisons notre problématique et mettons en lumière les objectifs de ce travail de recherche.

Chapitre 1:

Cadre du travail de recherche

1.1 Contexte

Les diverses théories ou modèles mathématiques qui ont été élaborés dans le cadre des sciences de l'ingénieur ont pour objectif de prévoir la réponse d'un système, connaissant des conditions initiales, des conditions aux limites, des actions. On est alors dans le cadre de problèmes directs.

Reconstruire des données, identifier des caractéristiques sont aussi deux grandes préoccupations qui couvrent tous les domaines de la physique et des sciences de l'ingénieur. Elles entrent dans le cadre de problèmes inverses dont l'objectif est, connaissant certaines réponses d'un système, d'en déduire les caractéristiques (le modèle) du système ou les actions qui ont conduit à ces réponses. Cependant il existe de nombreux cas où la solution n'est pas unique. Cette non-unicité traduit que le problème est mal-posé au sens de Hadamard [1] : en particulier il est très sensible aux incertitudes de mesure. Si l'augmentation des capacités des machines a rendu possible la résolution de problèmes directs très complexes, cela n'a pas eu le même effet sur les problèmes inverses. En effet, ceux-ci sont souvent mal conditionnés et de ce fait, la propagation des incertitudes se fait très rapidement et s'amplifie à chaque calcul : cela conduit à des résultats divergents.

Ces problèmes inverses ont été très largement étudiés en géophysique [2] pour évaluer les propriétés du globe terrestre. L'analyse et la reconstruction d'images sont également des branches très actives étudiant les problèmes inverses [3]; les applications sont nombreuses en particulier dans le domaine médical (tomographie).

Les problèmes inverses qui nous intéressent concernent la dynamique de structures. De ce fait, les réponses qui sont mesurées, sont alors des déplacements, des déformations ou encore des accélérations. En dynamique de structures, on est confronté à deux types de problèmes inverses [4] : le recalage de modèles et la reconstruction de chargements dynamiques qui ont conduit aux réponses mesurées. C'est sur ce dernier type de problème inverse que nous avons travaillé dans la suite. La connaissance des forces d'excitations agissant sur un système mécanique est d'une utilité capitale lorsqu'il s'agit d'étudier son comportement dynamique. Ces forces peuvent être utilisées par exemple comme entrées d'un modèle numérique de type éléments finis en vue d'une simulation ou dans une optique de diagnostic afin de déterminer la capacité résiduelle de la structure à remplir la fonction pour laquelle elle a été mise en service.

La reconstruction de chargement présente deux volets : la localisation du chargement appliqué et l'évolution de la charge au cours du temps. En outre le chargement peut être multiple : plusieurs forces ponctuelles, plusieurs couples peuvent être appliqués simultanément ainsi que des pressions non forcément uniformes.

L'analyse de la bibliographie montre que peu d'études ont réellement été menées sur la reconstruction de chargements multiples. Il en est de même pour la reconstruction de pressions : en général, la pression inconnue étant uniformément répartie, son identification se ramène à l'identification d'une seule force. Pour finir, on remarquera que si le système étudié est représenté par un modèle éléments finis, alors l'identification d'une pression (uniforme ou non) se ramène à identifier des forces et/ou des couples situés aux nœuds des éléments sur lesquels la pression est appliquée.

1.2 Objectifs et cadre de ce travail

Les problèmes inverses étant mal-posés, Tikhonov [5] a proposé dans le début des années soixante une méthode dite de régularisation. Elle consiste à ajouter au problème inverse à résoudre, des conditions supplémentaires (fonctionnelle stabilisante) qui stabilise la solution : un paramètre dit de régularisation permet alors de prendre plus ou moins en compte ces conditions supplémentaires. Cette méthode déterministe s'est largement répandue [6] et est très utilisée. Toutefois, il reste le problème des conditions supplémentaires à imposer et la détermination du paramètre de régularisation: diverses fonctionnelles et différents critères existent. Un état de l'art de ces méthodes est présenté dans le chapitre 2 même si elles ne seront pas utilisées dans le cadre de ce travail.

Aussi, il nous semble que cette approche déterministe de régularisation visant à identifier des chargements multiples a montré des limites [7] : l'identification de plusieurs efforts est souvent peu satisfaisante en raison de la difficulté rencontrée quant à la détermination du paramètre de régularisation. En effet, lorsqu'il s'agit d'identifier plusieurs chargements, les différents critères de sélection du paramètre de régularisation montrent l'existence de plusieurs coins posant ainsi la difficulté à choisir le bon paramètre de régularisation [7], mettant par là en péril la qualité de la reconstruction du chargement. Par conséquent, nous avons proposé l'approche probabiliste bayésienne comme une alternative afin de lever la limite posée par la méthode déterministe. Une présentation bibliographique très élaborée de cette méthode bayésienne a fait l'objet du chapitre 3 avant de faire dans le chapitre 4 une étude bibliographique sur la caractéristique des efforts à identifier ainsi que leur localisation.

Notre objectif dans ce travail étant d'abord d'évaluer la capacité de la méthode bayésienne à identifier un chargement donné puis de tester la possibilité bayésienne à identifier plusieurs chargements y compris des chargements considérés comme nuls, l'approche bayésienne de reconstruction de chargements multiples abordée au chapitre 5 et validée par des exemples numériques prend en considération les bruits qui affectent les données et l'incertitude du modèle. En particulier, deux modèles sont utilisés : une matrice de transfert non perturbée et un modèle affecté par du bruit. Dans le chapitre 6, nous avons tenté de répondre à une importante problématique : la localisation automatique du chargement par l'identification de chargements multiples.

Partie B

Revue bibliographique

En dynamique des structures, deux types de problème inverse sont fondamentaux pour étudier le comportement dynamique d'une structure. Il s'agit des problèmes de recalage de modèle et de reconstruction de chargement. Dans cette partie, nous présentons une revue bibliographique sur le problème de la reconstruction de chargement. Dans le chapitre 2, nous allons poser le problème de reconstruction de chargement et présenter les méthodes classiques de résolution d'un tel problème. Une autre méthode permettant la résolution du problème de reconstruction de chargement sera développé dans le troisième chapitre. Il s'agit de l'approche probabiliste bayésienne. Dans le dernier chapitre de cette partie, nous exposerons sur la caractéristique de la force à reconstruire et les techniques permettant la localisation de ces forces.

Chapitre 2

Position du problème et méthodes de résolution

2.1 Introduction

En dynamique des structures, le traitement des problèmes de recalage de modèle et de reconstruction de chargements est d'une importance capitale. Ces deux types de problème sont fondamentaux pour étudier le comportement dynamique d'une structure.

Ces problèmes de recalage de modèle et de reconstruction de chargement peuvent être posés sous la forme d'un système d'équations linéaires:

$Y = AX$

(2.1)

où X représente la grandeur d'entrée qui est le chargement excitateur, A la matrice de transfert (qui représente le modèle recalé) regroupant les paramètres physiques de la structure sollicitée et Y est la réponse de cette structure. Cette réponse peut être un champ de déplacement, d'accélération ou de déformation, (Voir figure 2.1).

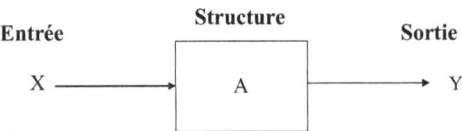

Figure 2.1 : Structure sollicitée par le chargement X

Ainsi, en dynamique des structures, trois types de problèmes modélisés par l'équation (2.1) peuvent se présenter :

- La détermination de *la sortie* Y (réponse) à partir de *l'entrée* X (sollicitation) et des paramètres du système A.

- La détermination des paramètres du système A lorsqu'on connaît *l'entrée* X et la *sortie* Y.

- La détermination de *l'entrée* X à partir des paramètres du système A et de la *sortie* Y.

Les problèmes du premier type sont identifiés comme étant des problèmes directs alors que les deux derniers types sont appelés problèmes inverses. Les problèmes du deuxième type sont des problèmes de recalage de modèle tandis que ceux du troisième type sont identifiés comme des problèmes de reconstruction de chargement. Dans ce travail, nous avons traité les problèmes du troisième type et dans notre cas, il s'agit d'identifier ou de reconstruire une force de chargement et plus généralement les actions auxquelles la structure a été soumise. Le problème de l'identification d'un chargement sur les structures mécaniques peut être considéré comme l'inverse du problème direct : l'identification de chargement est donc un problème inverse. Cependant, ces problèmes inverses soulèvent des difficultés particulières liées à son caractère mal posé. Malgré ces difficultés, les problèmes inverses ont été étudiés par de nombreux chercheurs dans différents domaines des sciences de l'ingénieur : dynamique des structures, productique, aéronautique, génie civil, etc...

La connaissance des forces d'excitations agissant sur un système mécanique est d'une utilité capitale lorsqu'il s'agit d'étudier son comportement dynamique. Ces forces peuvent être utilisées par exemple comme entrées d'un modèle numérique de type éléments finis en vue d'une simulation ou dans une optique de diagnostic afin de déterminer la capacité résiduelle de la structure à remplir la fonction pour laquelle elle a été mise en service. Dans de nombreux cas, l'utilisation de capteurs de force n'est pas possible directement et n'est d'ailleurs pas appropriée pour la mesure des efforts repartis. C'est pourquoi les méthodes indirectes sont préférées pour obtenir, par la résolution d'un problème inverse, le chargement exercé sur la structure. Ces méthodes se basent d'une part sur des mesures des quantités observables Y et d'autre part sur un modèle A qui contient les caractéristiques dynamiques de la structure afin de prédire la localisation et l'amplitude des charges appliquées.

Les chapitres de la partie B de ce livre présentent une revue de la littérature sur les problèmes inverses de reconstruction de chargement. Le premier chapitre de cette partie B est scindé en plusieurs sections. Du fait que les problèmes de reconstruction de chargement soulèvent des difficultés particulières liées à son caractère mal posé, nous illustrons en section 2.2 le concept de problème mal posé avant d'exposer en section 2.3 les hypothèses générales adoptées dans le cadre de notre problème de reconstruction. Ensuite, la mise en équation de ce problème d'identification de chargement sera abordée dans la section 2.4 : cette mise en équation se présente sous la forme d'une équation de convolution. Puis nous donnerons, dans la section 2.5, les techniques utilisées pour résoudre une telle équation de convolution. Les techniques utilisées pour résoudre cette équation de convolution peuvent conduire à un système d'équations linéaires mal posé. Les différentes méthodes qui sont actuellement utilisées pour résoudre ce système d'équations linéaires mal posé seront illustrées dans la section 2.6. Nous terminerons donc ce chapitre par une conclusion à la section 2.7.

2.2 Problème mal posé

Il est généralement admis que les problèmes inverses appartiennent souvent à une classe de problèmes dits mal posés. Un problème est mal-posé au sens de Hadamard [1] si:
- la solution peut ne pas exister.
- la solution peut ne pas être unique.
- la solution peut ne pas être stable vis-à-vis des erreurs de mesure.
Si aucune de ces difficultés n'existe pas, le problème est bien posé. Les deux premières conditions sont booléennes au sens mathématique du terme, c'est-à-dire qu'elles sont vraies ou bien fausses. En revanche, la condition de stabilité n'est pas de type booléen et nécessite de s'entendre déjà sur le concept de stabilité à considérer. On dit qu'un problème est instable quand de petites variations sur les données de sorties entraînent de grandes variations sur les données d'entrées. Ainsi un problème mal posé peut conduire à une instabilité [8]. Ces problèmes sont sensibles au bruit de mesure et conduisent à la résolution de systèmes d'équations avec des matrices très mal conditionnées (valeurs singulières très petites).

Exemples de problèmes mal posés

L'objectif est de décrire sur des exemples certaines conséquences dues aux problèmes mal posés. Il y sera abordé deux exemples de type déterministe.

Exemple I : Inversion matricielle

Traitons le cas d'un problème déterministe. L'inversion des systèmes linéaires de la forme $AX = Y$ s'avère quelquefois instable si la matrice A est mal conditionnée.

$$A = \begin{pmatrix} 1 & 2 \\ 1 & 2+h \end{pmatrix} \qquad X = \begin{pmatrix} 1 \\ 2 \end{pmatrix} \qquad (2.2)$$

Le paramètre h caractérise l'indépendance des vecteurs colonnes de la matrice A. Ainsi, si h est nul, les vecteurs lignes sont égaux rendant la matrice non inversible. Plus h devient grand, plus l'indépendance est forte. Le vecteur Y est obtenu par calcul matriciel sous la forme

$$Y = \begin{pmatrix} y_1 \\ y_2 \end{pmatrix} = \begin{pmatrix} 5 \\ 5+2h \end{pmatrix} \qquad (2.3)$$

Inversons le système, mais en entachant d'erreur le vecteur Y soit $\delta Y = \{\varepsilon, 0\}$:

$$X = A^{-1}(Y+\delta Y) = \frac{1}{h} \begin{pmatrix} 2+h & -2 \\ -1 & 1 \end{pmatrix} \begin{pmatrix} 5+\varepsilon \\ 5+2h \end{pmatrix} = \begin{pmatrix} 1+\varepsilon+2\varepsilon/h \\ 2-\varepsilon/h \end{pmatrix} \qquad (2.4)$$

Pour une erreur relative de 1% sur les données y_1, soit $\delta y_1/y_1 = 0.01$, on obtient une erreur relative sur les données x_i :

Pour $h = 10;\ \delta x_1/x_1 = 0.06,\ \delta x_2/x_2 = 0.0025$ $\qquad (2.5)$

Pour $h = 0.1;\ \delta x_1/x_1 = 1.05,\ \delta x_2/x_2 = 0.25$

La diminution de h augmente l'erreur sur les sources restituées. Ainsi la qualité de l'inversion, en présence d'erreur, dépend de l'indépendance entre les vecteurs colonnes de la matrice A. Les systèmes linéaires peuvent être sujets à l'amplification des erreurs à travers l'inversion de la matrice.

Exemple II : Détermination des forces appliquées à une structure

La reconstruction des forces appliquées à une structure se confronte aussi aux problèmes de stabilité. Prenons l'exemple donné par Bonnet [9] dans son ouvrage, concernant la reconstruction d'un effort appliqué à une poutre, figure 2.2.

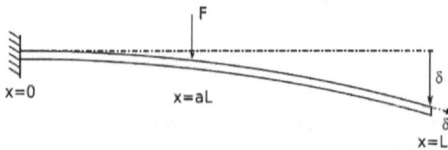

Figure 2.2 : Poutre droite et reconstruction d'une force ponctuelle

Le calcul donne la force F et l'emplacement aL de la force en fonction des données connues, le module d'Young E, la longueur L, le moment d'inertie I, et les observations mesurées, la flèche $\delta(L)$ et la rotation d'extrémité $\delta'(L)$, soit :

$$aL = 3\left(L - \left(\delta/\delta'\right)\right), \quad F = 2EI\delta'(aL)^{-2} \tag{2.6}$$

Une perturbation sur les valeurs connues $\delta(L)$ et $\delta'(L)$:

$$\delta'_{mesure} = \delta'_{exact}\left(1+\varepsilon\right) ; \ \left(\delta/\delta'\right)_{mesure} = \left(\delta/\delta'\right)_{exact}\left(1+\varepsilon'\right) \tag{2.7}$$

induit une erreur sur la reconstruction de la force F :

$$F_{mesure}/F_{exact} - 1 = \left(a\varepsilon + (a-3)\varepsilon'\right)\big/\left(a + (3-a)\varepsilon'\right) \tag{2.8}$$

L'erreur expérimentale augmente quand la quantité a diminue, c'est-à-dire lorsque le point d'application de la force s'approche de l'encastrement. Par exemple, pour une erreur relative de 1% sur $\delta(L)$ et $\delta'(L)$. On trouve des erreurs de reconstruction :

- pour $a = 0.25$; $F_{mesure}/F_{exact} - 1 = 0.117$

- pour $a = 0.1$; $F_{mesure}/F_{exact} - 1 = 0.240$ (2.9)

- pour $a = 0.05$; $F_{mesure}/F_{exact} - 1 = 0.384$

Une erreur de 1% sur les observations peut engendrer une erreur relative très importante sur les données reconstruites. D'où la nécessité de considérer l'importance de la stabilité d'un problème inverse.

Les deux exemples ci-dessus ont illustré des difficultés rencontrées dans un problème mal posé. Pour obtenir une solution acceptable, on doit recourir aux méthodes de régularisation que nous présenterons à la section 2.6. Le but de la théorie de la régularisation numérique est de fournir des méthodes efficaces et numériquement stables pour optimiser le choix de contraintes qui conduisent à des solutions proches de la solution exacte et stables.

2.3 Hypothèses générales

Notre connaissance limitée des réponses Y mesurées, en raison de la complexité de la structure et le manque d'accès à certains emplacements, fait que l'identification de chargements est souvent difficile. C'est pourquoi nous nous placerons dans un cadre restreint dans lequel nous ferons les hypothèses supplémentaires suivantes :

a. Première hypothèse : comportement linéaire élastique de la structure

La réponse d'une structure à une sollicitation sera supposée dépendre linéairement de l'excitation. Cela suppose que la structure est constituée d'un matériau dont la loi de comportement est linéaire élastique. Cela signifie que le comportement de la structure n'est pas modifié au cours de la sollicitation et que les déformations de la structure peuvent être considérées comme suffisamment petites pour négliger toute non-linéarité géométrique. Dans de tels cas, la réponse en un point de la structure est liée à la force incidence par l'équation intégrale de convolution linéaire (2.10) qui sera définie au paragraphe suivant.

b. Seconde hypothèse : connaissance des fonctions de transfert entre le point d'impact et les points de mesures

On suppose connues les fonctions de transfert (ou les réponses impulsionnelles) entre les points d'excitations et les points de mesures : cela permettra de constituer les matrices de transfert. Les fonctions de transfert peuvent être estimées de manière analytique, expérimentale ou numérique.

- Une détermination analytique suppose un modèle analytique de la structure. Celui-ci est une idéalisation d'un cas physique réel, reposant sur certaines hypothèses simplificatrices. Il est fondé principalement sur les théories des poutres ou des plaques. On se place dans le cas d'un matériau continu, élastique, homogène isotrope ou orthotrope et sous certaines conditions aux limites (libre, appui simple, encastrement). Ainsi, à partir de la théorie des poutres de Timoshenko [10], ou d'Euler-Bernoulli [11] ou encore de la théorie classique des plaques [12], les relations entre les réponses mesurées et une force d'impact ont été déterminées analytiquement par de nombreux auteurs. Dans les travaux de Jacquelin et al. [13], [14] la fonction de transfert analytique a été déterminée par la théorie des plaques de Kirchhoff: la structure étudiée est une plaque circulaire, isotrope, en aluminium, encastrée sur son contour et soumise à un impact en son centre. Kim et Lee [15] ont reconstruit la force d'impact à partir de l'enregistrement de trois accélérogrammes, en utilisant la fonction de Green analytique d'une plaque épaisse.

- Une détermination expérimentale à l'aide d'essai de vibration ou de choc n'est pas limitée par les conditions aux limites, la forme et les propriétés des matériaux de la structure. Wu et ses collègues [16], Chang et Sun [17] ont utilisé les fonctions de Green pour déterminer la force d'impact sur des plaques élastiques. Boukria et al. [18,19] ont utilisé une méthode expérimentale pour déterminer la position d'impact en minimisant la fonction objectif qui a été créée à partir de la fonction de transfert entre plusieurs points d'impact et de mesure. Uslua et ses collègues [20] ont présenté une méthode indirecte pour déterminer la force sur une plaque en utilisant la fonction de réponse en fréquence (FRF) du système qui est mesurée directement sur la structure. Uhl [21] présente la théorie des méthodes inverses et leurs limites majeures : il s'appuie sur un test numérique et expérimental pour valider les procédures présentées.

- La méthode des éléments finis permet de calculer numériquement le comportement d'objets complexes. Elle permet, entre autres, de déterminer les fonctions de transfert pour une structure modélisée en éléments finis. Ainsi elle a été appliquée sur une poutre par Ma et ses collègues [22] pour obtenir le système d'équations d'état de la structure, sur une plaque par Nakamura et ses collègues [23] et par Hu et al. [24] pour obtenir la relation entre une force d'impact et les réponses en déformation correspondantes. Adams et Doyle [25] ont également présenté une méthode qui est basée sur une reformulation récursive des équations associée à une modélisation par éléments finis, pour reconstruire une force d'impact à partir des réponses mesurées sur une coque. K. Liu et ses collègues [26] ont appliqué la méthode des éléments finis pour développer la forme explicite de Newmark en vue de reconstruire une force par une analyse inverse, cette identification n'a été possible qu'en utilisant une matrice de transfert de type Toeplitz.

c. Troisième hypothèse: La localisation de l'excitation est connue
Le problème de caractérisation des impacts sur une structure devient plus complexe lorsque la localisation du point d'impact est inconnue. Dans de nombreux travaux, la localisation du point d'impact est supposée connue a priori. Lorsque ce n'est pas le cas, il faut réaliser un travail préalable pour localiser la zone sollicitée avant de remonter à l'histoire de la force. Doyle [27] a déterminé la force d'impact exercée sur une poutre et sur une plaque à l'aide de la différence de phase entre les signaux mesurés par deux capteurs pour localiser la position de la force. Kim et Lee [28] ont eu besoin de trois capteurs pour localiser la position d'impact car ils travaillent sur une plaque. Lim et Pilkey [29] supposent que l'emplacement de la force est connu. Wu et al. [30] ont développé une méthode pour identifier une force d'impact exercée sur une plaque en utilisant la réponse de la déformation mesurée. L'emplacement de la force est également supposé connu. Ils ont conclu que l'utilisation simultanée de plusieurs jauges de déformation permet d'obtenir une meilleure prévision globale de la force d'impact. Chang et Sun [17] ont déterminé une force d'impact sur un panneau composite en supposant connue la localisation de la force d'impact.

2.4 Mise en équation du problème de reconstruction de chargement
La réponse d'un système mécanique est liée à sa fonction de transfert. Pour un système ayant un comportement linéaire, la réponse s_i mesurée en un point quelconque x_i de la structure est reliée à la force d'excitation f_j appliquée en un point x_j, par l'équation de convolution suivante:

$$s_i(t) = \int_0^t h_{ij}(t-\tau) f_j(\tau) d\tau \tag{2.10}$$

où h_{ij} est la fonction de transfert entre les points x_i et x_j.

Le problème direct consistant à calculer la réponse s_i à partir de h_{ij} et de f_j est appelé convolution. Le problème direct est bien posé. On obtient des solutions analytiques ou des solutions par éléments finis proches des réalités expérimentales.

Le problème inverse qui consiste à déterminer f_j à partir de s_i est appelé déconvolution.

L'analyse des nombreux problèmes de type inverse met en évidence leur caractère mal posé. Pour effectuer une déconvolution, deux approches peuvent être utilisées :

- La première nécessite d'identifier la fonction de transfert h_{ij}. Cette opération peut être effectuée soit dans le domaine temporel soit dans le domaine fréquentiel.

- La seconde, qui ne sera pas développée ici, utilise un premier essai instrumenté: on réalise un premier essai dans les mêmes conditions que l'essai à identifier : une force f_{1j} est mesurée ainsi que sa réponse s_{1i} en M_i.

2.5 Déconvolution dans les domaines temporel ou fréquentiel

Les méthodes pour identifier les fonctions de chargement à partir de mesures de réponses de la structure peuvent être classées en deux grandes catégories : les méthodes déterministes (en temporel et en fréquentiel) et les méthodes stochastiques. Concernant les approches déterministes, on se place soit dans le domaine temporel soit dans le domaine fréquentiel pour la résolution de l'équation de convolution (2.10).

La reconstruction de la force dans le domaine fréquentiel a été étudiée par un certain nombre de chercheurs. Cela a nécessité la détermination des fonctions de réponse en fréquence (FRF). Elles peuvent être obtenues par analyse modale théorique (TMA) ou par une analyse modale expérimentale (EMA). Busby et Trujillo [31], Kim et ses collègues [32] ont utilisé une TMA pour obtenir les paramètres modaux du système et pour construire la fonction de réponse en fréquence. Ainsi, la FRF peut être obtenue afin de prédire la force. Martin et Doyle [11, 33] utilisent une analyse spectrale de la structure pour établir une relation entre les transformées de Fourier de la réponse et de la force d'impact. Mais, cette méthode a rencontré des difficultés à cause des réflexions sur les bords qui provoquent une perte d'information et rendent le système extrêmement sensible au bruit de mesure. Thite [34] a présenté une méthode basée sur la minimisation du nombre de conditionnement moyen dans la gamme de fréquences pour la sélection des points de mesure afin d'améliorer la détermination de la force. Jiang et Hu [35] présentent une approche basée sur une méthode de sélection de modes pour déterminer la gamme optimale de fréquence et les modes spatiaux à utiliser. Granger et Perotin [36] ont utilisé des paramètres modaux pour estimer les densités spectrales des réponses modales et les excitations généralisées.

Toutefois, les approches dans le domaine fréquentiel deviennent difficiles à utiliser pour des structures complexes et perdent donc leur attrait. En particulier dans certaines applications (contrôle de structures,...) il est nécessaire d'avoir un algorithme capable d'estimer les forces agissant sur une structure en temps réel. Or les données peuvent être disponibles sur de très courtes durées, ce qui rend le traitement dans le domaine fréquentiel délicat à réaliser. En outre, il est important de souligner que les problèmes soulevés par les problèmes inverses se manifestent différemment dans le domaine temporel et dans le domaine fréquentiel.

Zhu et Lu [37] ont présenté une méthode dans le domaine temporel pour identifier les charges à la fois concentrées et réparties sur les structures de type poutres et plaques. Doyle [38], [39] a présenté une série de papiers sur des poutres et des plaques soumises à des impacts transversaux dans le domaine temporel et fréquentiel. Chang et Sun [17] ont utilisé des fonctions de Green déterminées expérimentalement et effectué la déconvolution dans le domaine temporel pour déterminer la force d'impact sur une plaque composite. Un modèle prédictif de la force d'impact s'appliquant sur une poutre cantilever a été présenté par Wang et Chiu [40] dans le domaine temporel.

2.5.1 Résolution temporelle

Dans le domaine temporel, l'équation intégrale de convolution (10) qui relie la force d'entrée et la réponse de sortie peut être discrétisée. L'équation (2.10) se ramène alors à la résolution du système linéaire suivant :

$$[S_i] = \begin{bmatrix} H_{ij} \end{bmatrix} \begin{bmatrix} F_j \end{bmatrix} \qquad (2.11)$$

avec

$$\left[H_{ij}\right] = \Delta t \begin{pmatrix} h_{i\,j}(\Delta t) & 0 & 0 & \cdots\cdots & 0 \\ h_{ij}(2\Delta t) & h_{ij}(\Delta t) & & \ddots & \vdots \\ h_{ij}(3\Delta t) & h_{ij}(2\Delta t) & \ddots & \ddots & \vdots \\ \vdots & \vdots & & \ddots & 0 \\ h_{ij}(n_t\Delta t) & h_{ij}((n_t-1)\Delta t) & & \cdots & h_{ij}(\Delta t) \end{pmatrix} \tag{2.12}$$

$$[S_i] = [s_i(\Delta t),\ s_i(2\Delta t),\ s_i(3\Delta t),\ \cdots,\ s_i(n_t\Delta t)]^T \tag{2.13}$$

$$\left[F_j\right] = \left[\left(f_j(0),\ f_j(1),\ f_j(3),\ \cdots,\ f_j(n_t-1)\right)\Delta t\right]^T \tag{2.14}$$

Δt est le pas d'échantillonnage, $1/\Delta t$ est la fréquence d'échantillonnage, n_t correspond au nombre de points temporels d'acquisition des signaux. On obtient ainsi un système linéaire de n_t équations à résoudre. La matrice $\left[H_{ij}\right]$ à inverser est généralement mal conditionnée et peut donc conduire à une solution instable. La résolution du système (2.11) par simple inversion ou par la méthode des moindres carrés conduit à une solution instable, soit oscillante, soit divergente. Toute la difficulté va consister à éliminer cette instabilité pour obtenir une solution physiquement acceptable.

2.5.2 Résolution fréquentielle

L'équation (11) peut s'écrire dans le domaine spectral (fréquentiel) sous la forme suivante

$$S_i(\omega) = H_{ij}(\omega) F_j(\omega) \tag{2.15}$$

où $S_i(\omega)$, $H_{ij}(\omega)$ et $F_j(\omega)$ sont successivement les transformés de Fourier de $s_i(t), h_{ij}(t)$ et $f_j(t)$. Si $H_{ij}(\omega) \neq 0$, alors

$$F_j(\omega) = \frac{S_i(\omega)}{H_{ij}(\omega)} \tag{2.16}$$

La déconvolution se ramène donc à une simple division suivie d'une transformée de Fourier inverse. Cependant, si $H_{ij}(\omega)$ s'annule pour certaines fréquences ω_z, cela implique que $S_i(\omega)$ s'annule aussi et ce, quelle que soit la valeur de $F_j(\omega_z)$. On perd alors l'information sur $F_j(\omega_z)$. Les fonctions $F_j(\omega_z)$ s'expriment donc plutôt sous la forme suivante :

$$\begin{cases} F_j(\omega) = \dfrac{S_i(\omega)}{H_{ij}(\omega)} \quad \text{pour } \omega \neq \omega_z \\ F_j(\omega_z) \quad \text{quelconque} \end{cases} \tag{2.17}$$

Il se pose le problème d'unicité. On peut conclure que la déconvolution est un problème mal posé.

Plusieurs études ont été réalisées dans ce cadre afin de limiter l'apparition du zéro au dénominateur de (2.15), on peut citer ici les deux techniques les plus utilisées:

- La première technique est celle due à Martin [33] et [41]. Elle consiste à rajouter un bruit aléatoire $R(\omega)$, la relation (2.14) devient alors

$$\left[\left| H_{ij}(\omega) \right|^2 + R(\omega) \right] F_j(\omega) = H_{ij}^*(\omega) S_i(\omega) \tag{2.18}$$

avec $H_{ij}^*(\omega)$ le conjugué complexe de $H_{ij}(\omega)$. D'où :

$$F_j(\omega) = \frac{H_{ij}^*(\omega) S_i(\omega)}{\left| H_{ij}(\omega) \right|^2 + R(\omega)} \tag{2.19}$$

- La deuxième technique est due à Doyle [42] et [27]. Etant donné que les zéros de H_{ij} dépendent de la position du point de mesure, il est donc préférable d'utiliser simultanément des mesures provenant de plusieurs capteurs. Donc pour n_c capteurs, la relation (2.15) s'écrit sous la forme suivante :

$$\left(\left| H_{ij_1}(\omega) \right|^2 + \ldots + \left| H_{ij_{n_c}}(\omega) \right|^2 \right) F_j(\omega) = H_{ij_1}^*(\omega) S_{i1}(\omega) + \ldots + H_{ij_{n_c}}^*(\omega) S_{in_c}(\omega) \qquad (2.20)$$

laquelle permet d'obtenir :

$$F_j(\omega) = \frac{H_{ij_1}^*(\omega) S_{i1}(\omega) + \ldots + H_{ij_{n_c}}^*(\omega) S_{in_c}(\omega)}{\left| H_{ij_1}(\omega) \right|^2 + \ldots + \left| H_{ij_{n_c}}(\omega) \right|^2} \qquad (2.21)$$

Cette technique a été utilisée dans plusieurs travaux comme celui de Sacha et Johnson [43]. Notons enfin que si l'utilisation de plusieurs capteurs rend le problème bien posé, il peut rester quand même mal posé car le dénominateur peut être très petit.

2.6 Méthodes actuelles de résolution de problèmes inverses

Nous cherchons donc à résoudre le problème mal-posé donné par l'équation (2.11) que nous écrivons sous la forme de l'équation (2.1). Deux approches peuvent être utilisées pour résoudre le système d'équations linéaires donné par la formule (2.1) :
- Une approche déterministe
- Une approche probabiliste bayésienne.

Nous allons développer dans cette section l'approche déterministe même si elle n'a pas été utilisée dans le cadre de ce travail. Le chapitre 3 sera réservé à l'approche probabiliste bayésienne utilisée dans ce travail.

2.6.1 Nécessité de stabiliser la solution

Si une solution à un problème posé n'est pas unique, il n'est pas possible d'obtenir une solution fiable sans information supplémentaire, puisque la solution choisie peut ne pas être la bonne. Même lorsque l'existence et l'unicité sont garanties, la plupart des problèmes inverses souffrent du manque de stabilité de la solution. Pour ces raisons, il est nécessaire, en pratique, d'introduire des informations a priori sur la solution, c'est-à-dire des informations que l'on a sur l'inconnue avant même d'observer les données, avant même de faire toute mesure, de manière à restreindre l'ensemble des solutions

admissibles. Cette condition supplémentaire peut être physique ou réaliser un compromis :

- L'information a priori s'exprime sous forme de contraintes physiques :

Parmi toutes les solutions admissibles, on choisit celles qui obéissent à une contrainte définie au préalable. Dans le cas d'une force d'impact, la solution recherchée X doit être positive. Elle minimise donc le critère suivant :

$$\min_{X} \|AX - Y\|^2 \quad \text{avec } X \geq 0 \tag{2.22}$$

- Un compromis:

On considère admissibles toutes les solutions, mais parmi ces solutions, on choisit celle qui est compatible avec une certaine information a priori. Par exemple, on cherche à minimiser la norme résiduelle de l'équation de convolution en utilisant comme condition la régularité de la solution. Dans ce cas, la solution ou une de ses dérivées ne devrait pas être trop grande et un compromis sera effectué entre obtenir un résidu faible et avoir un certain niveau de régularité. Ces méthodes de régularisation sont présentées dans la section ci-dessous.

2.6.2 Approche déterministe de régularisation

La résolution des problèmes mal posés ne présente un intérêt en pratique que dans la mesure où on obtient une solution unique, stable vis-à-vis des perturbations des données d'entrées et donc physiquement acceptable. Les méthodes classiques de résolution des systèmes linéaires (factorisation LU, QR,...) ne peuvent être utilisées en raison du très mauvais conditionnement des matrices. C'est pourquoi on utilise les méthodes de régularisation brièvement présentée au paragraphe précédent, qui permettent d'obtenir une solution approchée satisfaisante. La résolution d'un problème mal posé nécessite donc de considérer les notions de solution approchée et de solution stable: c'est le but des méthodes de régularisation. Il s'agit de réduire l'hypersensibilité de la solution aux variations des données d'entrées. Trois grandes approches de régularisation peuvent être citées: la méthode de Tikhonov, la troncature de la décomposition en valeurs singulières TSVD (*Truncated Singular Value Decomposition*) et la troncature de la décomposition généralisée en valeurs singulières TGSVD (*Truncated Generalized Singular Value Decomposition*).

Ces méthodes, très utiles dans l'identification de chargement, seront présentées dans les quelques sous-paragraphes qui suivent.

2.6.2.1 Décomposition en valeur singulière et sa généralisation [44]

L'une des approches les plus naturelles pour étudier un problème inverse consiste à utiliser la décomposition en valeurs singulières (SVD) de l'opérateur A afin d'exprimer sous une forme plus simple le problème d'inversion. Soit $A \in \mathbb{R}^{m \times n}$ $m \geq n$, la SVD de A est une décomposition définie par [7]:

$$A = U\Sigma V^T = \sum_{i=1}^{n} u_i \sigma_i v_i^T \tag{2.23}$$

où :

$U = (u_1, u_2, ..., u_m)$: matrice carrée orthogonale formée par m vecteurs orthonormés $\left(U^T U = I_m \right)$ qui sont les vecteurs propres de la matrice AA^T.

$V = (v_1, v_2, ..., v_n)$: matrice carrée orthogonale formée par n vecteurs orthonormés $\left(V^T V = I_n \right)$ qui sont les vecteurs propres de la matrice $A^T A$.

$\Sigma = \text{diag}(\sigma_1, \sigma_2, ..., \sigma_n)$: matrice diagonale dont les termes diagonaux sont les valeurs singulières de A, classées dans un ordre décroissant $\sigma_1 \geq \sigma_2 \geq ... \geq \sigma_n \geq 0$. Les valeurs singulières de A sont les racines carrés des valeurs propres de A^*A où A^* est le transconjugué de A.

Cette décomposition conduit à une simple expression de la solution du problème (2.1) :

$$X = \sum_{i=1}^{n} \frac{u_i^t Y}{\sigma_i} v_i = V\Sigma U^T Y \tag{2.24}$$

Dans la plupart des cas et particulièrement pour les matrices obtenues par discrétisation d'une équation de convolution ou d'une équation de Fredholm, on peut noter que :

- les valeurs singulières σ_i décroissent vers zéro

- une augmentation de la dimension de A provoque un accroissement du nombre des petites valeurs singulières

- les vecteurs singuliers u_i et v_i tendent à avoir plus de changements de signe lorsque l'indice i augmente, c'est-à-dire lorsque σ_i diminue.

Tant que les coefficients $u_i^T Y$ correspondant aux plus petites valeurs singulières σ_i ne décroissent pas plus rapidement que ces dernières (σ_i), la solution X va être dominée par des termes très oscillants : on retrouve ainsi les problèmes liés à la perturbation haute fréquence. La décomposition (2.24) permet donc de comprendre la source de l'instabilité numérique qui se manifeste lors de l'inversion de l'équation (2.1).

Pour introduire la notion de régularisation, il s'avère important de définir la décomposition en valeurs singulières généralisée (GSVD) d'un couple de matrices (A, L). C'est une généralisation de la SVD dans le sens où les valeurs singulières généralisées de (A, L) sont les racines carrés des valeurs propres généralisées du couple de matrices $\left(A^T A, L^T L\right)$.

Considérons A et L deux matrices réelles de dimensions respectives $n \times n$ et $p \times n$, la GSVD du couple (A, L) est une décomposition de la forme:

$$A = U \Sigma \Lambda^{-1} \qquad L = V(M, 0) \Lambda^{-1} \qquad (2.25)$$

avec:

$U = (u_1, u_2, ..., u_n)$ une matrice $n \times n$ orthogonale,

$V = (v_1, v_2, ..., v_n)$ une matrice $p \times p$ orthogonale,

$\Lambda = (\lambda_1, \lambda_2, ..., \lambda_n)$ une matrice $n \times n$ non singulière,

$\Sigma = \mathrm{diag}(\sigma_1, \sigma_2, ..., \sigma_p, 1, ..., 1)$ une matrice diagonale $n \times n$ avec $0 \leq \sigma_1 \leq \sigma_2 \leq ... \leq \sigma_p \leq 1$,

$M = \mathrm{diag}(\mu_1, \mu_2, ..., \mu_p)$ avec $1 \geq \mu_1 \geq \mu_2 \geq ... \geq \mu_p \geq 0$ et $\mu_i^2 + \sigma_i^2 = 1$,

Les quantités $\gamma_i = \dfrac{\sigma_i}{\mu_i}$ définissent les valeurs singulières généralisées. La solution au sens des moindres carrés du problème (2.1) obtenue à l'aide de la GSVD s'écrit sous la forme suivante :

$$X = \sum_{i=1}^{p} \frac{u_i^T Y}{\sigma_i} \lambda_i + \sum_{i=p+1}^{n} u_i^t Y \lambda_i \qquad (2.26)$$

Dans le cadre de la résolution de problèmes mal-posés, le problème vient de l'existence de petites valeurs singulières que l'on trouve soit avec la SVD, soit avec la GSVD : la régularisation consiste à modifier les "petites" valeurs singulières (généralisées). On peut donc définir à l'aide de la SVD d'une façon générale la solution régularisée du problème posé par l'équation (2.1):

$$X_{reg} = \sum_{i=1}^{n} f_i \frac{u_i^T Y}{\sigma_i} v_i \qquad (2.27)$$

De même, à partir de la GSVD, on obtient la solution régularisée du problème posé par l'équation (2.1) :

$$X_{reg} = \sum_{i=1}^{p} f_i \frac{u_i^T Y}{\sigma_i} \lambda_i + \sum_{i=p+1}^{n} u_i^T Y \lambda_i \qquad (2.28)$$

En fonction des facteurs de filtre, f_i, utilisés on obtient plusieurs façons de régulariser le problème.

2.6.2.2 Régularisation par troncature de la décomposition en valeur singulières (TSVD)

Hansen [44] a présenté une procédure qui élimine la contribution des petites valeurs singulières qui résultent de la décomposition en valeurs singulière (SVD) de la matrice. Ainsi la SVD est tronquée à partir d'un indice de troncature k, avant que les petites valeurs singulières ne deviennent significatives. La matrice A devient:

$$A_k = U\Sigma V^T = \sum_{i=1}^{k} u_i \sigma_i v_i^T$$

La solution donnée par troncature de la décomposition en valeurs singulières (TSVD) est :

$$X_k = \sum_{i=1}^{k} \frac{u_i^T Y_i}{\sigma_i} v_i \qquad (2.29)$$

Les facteurs de filtre f_i associés à la TSVD sont donnés par :

$$f_i = 1 \text{ si } i \leq k \quad \text{et } f_i = 0 \text{ si } i > k$$

On peut également utiliser la troncature pour des problèmes de forme plus générale qui nécessitent l'emploi de la GSVD. La solution après une troncature de la décomposition en valeurs singulières généralisée (TGSVD) est donnée par :

$$\hat{X}_{k,L} = \sum_{i=p-k+1}^{p} \frac{u_i^T Y_i}{\sigma_i} \lambda_i + \sum_{i=p+1}^{n} \left(u_i^T Y_i \right) \lambda_i \qquad (2.30)$$

Les facteurs de filtre f_i associés à la TGSVD sont donnés par :

$$f_i = 0 \text{ si } i \leq p-k \quad \text{et } f_i = 1 \text{ si } i > p-k$$

La difficulté réside dans le choix du rang de troncature : on a donc un compromis entre éviter des termes oscillants de fort niveau (voire divergents) et retenir suffisamment de termes pour avoir une précision satisfaisante.

2.6.2.3 Régularisation de Tikhonov

La méthode de Tikhonov fait partie des procédures de régularisation les plus connues, aussi bien en statistique que dans le domaine de l'analyse numérique. Elle consiste à stabiliser le problème d'inversion (2.1) en minimisant la norme $\|AX - Y\|_2^2$ par l'introduction d'un coefficient régularisant β. Le problème revient à minimiser la quantité, [45] :

$$\min_X \left\{ \|AX - Y\|_2^2 + \beta \|X\|_2^2 \right\}$$

où plus généralement

$$\min_X \left\{ \|AX - Y\|_2^2 + \beta \Omega(X) \right\} \qquad (2.31)$$

où $\Omega(x) = \|LX\|_2^2$ permet d'imposer des contraintes supplémentaire.

La fonction stabilisatrice, $\Omega(x) = \|LX\|_2^2$, permet ainsi d'empêcher d'avoir une solution dont la norme serait grande par rapport au résidu de l'équation (2.1). Le paramètre de régularisation β contrôle le poids accordé à la contrainte additionnelle donnée par la fonction stabilisatrice.

On cherche via cette démarche à remplacer le problème qui est initialement mal posé par un problème voisin bien posé dont la solution régularisée dépend continûment des données et vérifie la propriété de robustesse. La solution régularisée de ce problème est donc :

$$X_\beta = \arg\min_X \left\{ \|AX - Y\|_2^2 + \beta \Omega(X) \right\}$$

La solution régularisée de Tikhonov peut s'écrire alors moyennant la décomposition SVD de A sous la forme suivante :

$$X_\beta = \sum_{i=1}^{n} f_i \frac{u_i^T Y}{\sigma_i} v_i \qquad (2.32)$$

Le facteur de filtrage de la méthode de Tikhonov défini par $f_i = \dfrac{\sigma_i^2}{\sigma_i^2 + \beta^2}$ (pour $L = I_n$)

ou bien $f_i = \dfrac{\gamma_i^2}{\gamma_i^2 + \beta^2}$ (pour $L \neq I_n$) est donc un facteur de réduction qui est toujours compris entre 0 et 1.

Pour $\sigma_i \geq \beta$, $f_i \simeq 1$ alors les valeurs singulières correspondantes contribuent pleinement

à la solution X_β tandis que, pour $\sigma_i \leq \beta$, $f_i \simeq \dfrac{\sigma_i^2}{\beta^2}$ et ces petites valeurs singulières sont

effectivement filtrées. Pour les autres valeurs de σ_i, f_i est compris entre les deux valeurs extrêmes précédentes.

La complexité de cette méthode réside dans la détermination d'une valeur optimale du paramètre de régularisation β. Ce point sera abordé dans la section suivante. Plusieurs auteurs ont appliqué la méthode dite courbe en L ou *L-curve*, qui sera définie dans la suite, pour déterminer ce paramètre optimal de régularisation β.

2.6.3 Méthode de choix du paramètre de régularisation

Comme nous l'avons indiqué ci-dessus, la complexité de la méthode de régularisation réside dans la détermination d'une valeur optimale du paramètre de régularisation β qui lui assure une précision et une robustesse suffisantes. Le choix de ce paramètre est très délicat, car d'une part, si on lui donne un poids trop important, la solution pourra être altérée de façon très importante. D'autre part, si on n'en lui donne pas assez, on se rapprochera de la solution au sens des moindres carrés qui pourrait souffrir de l'instabilité du fait du bruit. Donc, le choix idéal de ce paramètre devra correspondre à un compromis entre la stabilité et la vraisemblance de la solution obtenue. On exposera dans les paragraphes suivants quelques méthodes utilisées pour déterminer ce paramètre de régularisation.

2.6.3.1 Principe d'anomalie de Morozov

Ce principe suppose que l'on connaisse la norme de l'incertitude sur les mesures, i.e. la norme du bruit des mesures $\lVert e \rVert_2$.

Le paramètre de régularisation β est choisi de sorte que :

$$\left\| AX_\beta - Y \right\| = \left\| e \right\|_2 \tag{2.33}$$

2.6.3.2 La méthode de la courbe en L

Cette méthode permet de déterminer le paramètre de régularisation de manière graphique. Elle est basée sur le principe de la recherche de l'optimum d'une fonctionnelle composée de deux termes : la norme de la solution, désignée par SN (*Solution Norm*) en fonction du résidu (erreur) appelé RN (*Residual Norm*), [46] :

$$RN = \left\| AX_{reg} - Y \right\|_2 \tag{2.34}$$

$$SN = \left\| X_{reg} \right\|_2 \tag{2.35}$$

La méthode consiste simplement à porter en graphique, en utilisant une échelle logarithmique, l'évolution de SN en fonction de RN. La courbe obtenue a une forme caractéristique en L et chaque point de celle-ci correspond à une valeur particulière du paramètre de régularisation.

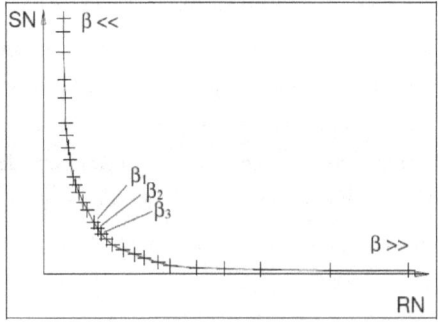

Figure 2.3: Évolution de la norme SN en fonction de RN (L-curve)

Le paramètre de régularisation optimal est défini comme celui correspondant à la transition entre les deux branches de la courbe, c'est-à-dire là où la courbure atteint son maximum. Pour les faibles valeurs du paramètre de régularisation, la méthode revient à minimiser l'écart entre les réponses mesurées et calculées, RN tendant vers 0, et en raison des erreurs de mesure amplifiées par l'inverse des valeurs singulières très faibles, SN prendra alors des valeurs très grandes. On retrouve ainsi la partie verticale de la courbe. A l'opposé, lorsque la valeur du paramètre de régularisation devient importante, l'adéquation calculs-mesures n'a plus qu'une importance relativement faible dans la fonction d'erreur, le second terme étant prépondérant, SN tendant vers 0 et RN croît alors avec la valeur du paramètre de régularisation. Ceci justifie la partie horizontale de la courbe. Le paramètre de régularisation optimal étant défini comme celui qui équilibre l'erreur de perturbation et l'erreur de régularisation et correspond à la courbure maximale.

Nous signalons que d'autres méthodes telles que la validation croisée généralisée (GCV) [47] et la quasi-optimalité (QO) sont aussi utilisées pour déterminer le paramètre de régularisation β.

2.7 Conclusion

Dans ce chapitre, une étude bibliographique sur des problèmes d'identification de chargements exercés sur une structure a été effectuée. Cela a permis de dégager les points essentiels abordés dans la littérature. Les hypothèses et la mise en équation du problème inverse qui nous intéresse ont été présentées ainsi que les difficultés qui peuvent se poser lors de sa résolution. La plupart de ces problèmes sont mal-posés. L'approche déterministe de régularisation visant à obtenir une solution acceptable a été illustrée. Dans la bibliographie il semble que ces méthodes de régularisation sont très efficaces et que leur mise en œuvre ne pose pas de problème particulier. Ces différentes méthodes de régularisation (Tikhonov, TSVD, TGSVD) ont été appliquées sur des structures travaillant dans le domaine linéaire.

A partir de l'analyse de la bibliographie, il nous semble que l'approche déterministe de régularisation visant à identifier des chargements multiples a montré des limites : l'identification de plusieurs chargements est souvent peu satisfaisante en raison de la difficulté rencontrée quant à la détermination du paramètre de régularisation. En effet, lorsqu'il s'agit d'identifier plusieurs chargements, les différents critères de sélection du paramètre de régularisation évoqués ci-dessus (la courbe en L par exemple) montrent l'existence de plusieurs coins posant ainsi la difficulté à choisir le bon paramètre de régularisation [7]. La sélection du bon paramètre de régularisation n'est donc pas évidente.

Dès lors, nous nous demandons si l'approche probabiliste bayésienne pourrait donner de meilleurs résultats, là où l'approche déterministe de régularisation a montré ses limites, c'est-à-dire dans le cas d'une reconstruction multiple de chargements.

On va tenter de répondre à cette préoccupation dans les chapitres qui suivent, mais avant, nous allons présenter dans le chapitre 3, l'approche probabiliste bayésienne.

Chapitre 3

Approche probabiliste bayésienne et problèmes inverses pour une reconstruction de chargement

Comme pionnier concernant les méthodes probabilistes appliquées à la résolution des problèmes inverses, nous pouvons citer Albert Tarantola. L'approche probabiliste des problèmes inverses développée par Tarantola dans [48] a pour fondement le caractère aléatoire des erreurs qui affectent les données. Elle se propose de quantifier toute l'information que l'on possède sur une variable (donnée ou inconnue) par une fonction densité de probabilité. Dans [2], Tarantola met en évidence avec beaucoup de pédagogie la théorie des problèmes inverses et propose l'approche probabiliste comme une méthode de résolution de ces problèmes. Bangti Jin et Jun Zou dans [49] ont développé, pour les problèmes inverses, la méthode probabiliste bayesienne via une méthode variationnelle. Richard C. Aster et ses collègues ont rédigé un ouvrage [50] dans lequel ils illustrent, avec beaucoup de pédagogie, l'approche probabiliste pour résoudre les problèmes inverses. Guy Demoment et ses collègues ont fait un document dans [3] des méthodes probabilistes qu'ils appliquent au traitement des signaux et des images : dans un premier temps ces méthodes probabilistes ont été largement utilisées en géophysique [51] et en reconstruction d'images [52]. Plus récemment Kaipio et Somersalo [53] ont fait également une synthèse de ces méthodes probabilistes en insistant sur les problèmes numériques. Dans d'autres applications telles que la communication, l'approche bayésienne est souvent adoptée pour résoudre un problème de détection de signal [54] ainsi que de reconnaissance de forme [54]. Un article sur les classificateurs bayésiens basés sur l'estimation de densité de probabilité et leur application à un diagnostic de panne a été publié par Yu-Lin He dans [55]. Une approche bayésienne pour une détection adaptative d'antenne multiple dans les réseaux de radio cognitive a fait l'objet d'un article par J. Manco-Vásquez et ses collègues dans [56].

Aussi, il est à remarquer que diverses méthodes traitant aussi de la reconstruction de chargements en utilisant la réponse de la structure en certains points de celle-ci ont été introduites dans ces dernières décennies [14, 57, 58, 22]. Sanchez et Benaroya [59] ont donné récemment une étude détaillée de ces méthodes. Les méthodes basées sur l'analyse spectrale constituent une méthode alternative pour la résolution de problème de reconstruction de la force [12, 33, 60, 61, 62]. Toutefois, il est à signaler qu'un des premiers articles concernant l'identification de chargement par une méthode inverse probabiliste bayesienne a été écrit par Zhang et ses collègues [63] en 2010, même si à cette date Ka-VengYuen [64] a écrit un livre sur les problèmes inverses en dynamique des structures : les problèmes abordés ne sont pas les mêmes. Remarquons que Zhang et ses collègues ont travaillé dans le domaine fréquentiel et ils utilisent une méthode itérative Monte-Carlo par chaîne de Markov (MCMC) pour identifier le chargement recherché.

Ce chapitre développe la méthode probabiliste bayésienne. Nous y expliquons l'approche bayésienne, une méthode d'inversion statistique pour les problèmes inverses, afin de répondre à notre problématique : l'identification de chargements exercés sur une structure. La méthodologie bayésienne [65, 2] permet de mettre en évidence les informations utilisées et notamment de trouver une solution naturelle à la question du compromis à faire entre les différentes sources d'information. Dans le cadre bayésien, tous les paramètres sont considérés aléatoires, l'incertitude les affectant étant représentée par une distribution de probabilité. La distribution de probabilité est utilisée pour décrire notre état de connaissance sur la valeur d'un paramètre. Une incertitude d'un paramètre qui est relativement grande est représentée par une distribution de probabilité large. Un paramètre bien maitrisé est représenté par une distribution étroite.

La philosophie des méthodes d'inversion statistique est de poser un problème inverse sous la forme statistique en quête d'informations : nous avons des quantités directement observables et d'autres qui ne peuvent pas être observées. Dans les problèmes inverses, quelques-unes des quantités non observables sont d'un intérêt primordial. Ces quantités dépendent les unes des autres grâce à des modèles. L'objectif de la théorie de l'inversion statistique est d'extraire des informations et évaluer l'incertitude sur les variables en se basant sur toutes les connaissances disponibles sur le processus de mesure aussi bien que des informations et des modèles des inconnues qui sont disponibles avant la mesure.

L'approche d'inversion statistique est basée sur les principes suivants:

- Toutes les variables incluses dans le modèle sont modélisées par des variables aléatoires.

- Le caractère aléatoire décrit notre degré d'information concernant leurs réalisations.

- Le degré d'information concernant ces valeurs est écrit sous la forme de distribution de probabilité.

- La solution du problème inverse est la distribution de probabilité a posteriori.

Le dernier point, en particulier, rend l'approche statistique tout à fait différente de l'approche traditionnelle discutée dans le chapitre 2. Les méthodes de régularisation produisent des estimations simples des inconnues du problème alors que la méthode statistique produit une distribution de probabilité qui peut être utilisée pour obtenir des estimations sur les inconnues du problème en faisant la moyenne des réalisations issues de cette distribution de probabilité.

Ce chapitre se scinde en plusieurs parties. D'abord, nous allons illustrer le problème inverse au sens probabiliste bayesienne et discuter de la manière dont on pourrait estimer les inconnues du problème. Les inconnues du problème ne sont pas déterministes mais plutôt des variables aléatoires, donc on ne peut qu'estimer ses moments statistiques (la moyenne par exemple). Ensuite, Il sera question de mettre en lumière la construction des différentes lois de probabilité qui interviennent dans la formule de Bayes. En outre, nous présenterons, d'une part, les algorithmes Monte Carlo par Chaine de Markov (MCMC) les plus utilisés pour explorer la densité de probabilité a posteriori issue de l'inférence bayésienne tout en discutant de leurs convergences, et d'autre part, une reconstruction de chargements par approche bayésienne sera abordée. L'approche hiérarchique bayesienne sera illustrée au travers d'un exemple. Pour terminer, le lien entre la méthode bayésienne et la régularisation de Tikhonov sera établi. Avant de conclure ce chapitre, nous exposerons sur la possible reconstruction bayésienne via la technique du compressed sensing (CS).

3.1 Problèmes inverses et formule de Bayes

Supposons que nous mesurons une quantité $y \in \mathbb{R}^m$ afin d'obtenir des informations sur une autre quantité $x \in \mathbb{R}^n$ qui serait à l'origine de la mesure de $y \in \mathbb{R}^m$. Ceci constitue un problème inverse. Afin de relier ces deux quantités, nous avons besoin d'un modèle pour leur dépendance. Ce modèle peut être incertain et il peut contenir des paramètres qui sont inconnus. En outre, la quantité y mesurée contient toujours du bruit. Dans l'approche traditionnelle des problèmes inverses, nous écrivons typiquement un modèle de la forme :

$$y = f(x, e) \tag{3.1}$$

où $f : \mathbb{R}^n \times \mathbb{R}^k \to \mathbb{R}^m$ est la fonction de modèle, et $e \in \mathbb{R}^k$ est un vecteur contenant tous les paramètres non connus ainsi que le bruit de mesure.

Dans les problèmes inverses statistiques, tous les paramètres sont considérés comme des variables aléatoires. On note par des lettres majuscules les variables aléatoires et leurs réalisations par des lettres minuscules. Ainsi, le modèle (3.1) conduirait à une relation :

$$Y = f(X, E) \tag{3.2}$$

Ceci est une relation qui lie trois variables aléatoires X, Y et E, et par conséquent, leurs distributions de probabilités dépendent les unes des autres. Avant d'aller plus loin, nous introduisons un peu de vocabulaire. Nous désignons par le terme *mesure*, la variable aléatoire directement observable, Y et y est *sa réalisation* $(Y = y_{observé})$. La variable aléatoire non-observable X qui est d'un intérêt primordial est *l'inconnue*. Les variables qui ne sont ni observable ni d'intérêt primordial sont appelées *bruit*.

Supposons qu'avant d'effectuer la mesure de Y, nous avons quelques informations sur la variable X. En théorie bayésienne, il est supposé que cette information peut être mise sous une forme de densité de probabilité $x \to \pi_{pr}(x)$ appelée densité de probabilité a priori. Ce terme est explicite : il exprime ce que nous savons sur l'inconnue x avant la mesure. Il représente l'incertitude que l'on dispose sur le paramètre d'intérêt x.

Supposons qu'après avoir analysé le cadre de la mesure ainsi que toutes les informations supplémentaires disponibles sur les variables, nous avons trouvé la densité de probabilité conjointe de X et Y, que nous notons $\pi(x, y)$. Alors, la densité de probabilité marginale de l'inconnue X est :

$$\int_{\mathbb{R}^m} \pi(x, y) \, dy = \pi_{pr}(x)$$

C'est donc la densité de probabilité a priori. Si, d'autre part, nous connaissions la valeur de l'inconnue, c'est-à-dire, $X = x$ la densité de probabilité conditionnelle de Y sachant cette information, serait :

$$\pi(y|x) = \frac{\pi(x,y)}{\pi_{pr}(x)}, \text{ si } \pi_{pr}(x) \neq 0$$

La densité de probabilité conditionnelle de Y est la fonction de vraisemblance (appelée aussi loi des observations), car elle exprime la probabilité de différents résultats de mesure avec $X = x$ donné.

Supposons enfin que les données de mesure $Y = y_{observé}$ soient connues. La distribution de probabilité conditionnelle

$$\pi(x|y_{observé}) = \frac{\pi(x, y_{observé})}{\pi(y_{observé})} \quad \text{si} \quad \pi(y_{observé}) = \int_{\mathbb{R}^n} \pi(x, y_{observé}) dx \neq 0$$

est appelée la densité de probabilité a posteriori de X. Cette densité de probabilité a posteriori est l'expression de ce que nous savons à propos de après l'observation Y.

Dans le cadre bayesien, le problème inverse est exprimé de la façon suivante: *étant donné les données de mesure* $Y = y_{observé}$ *trouver la densité de probabilité a posteriori* $\pi(x|y_{observé})$ *de* X.

Nous résumons les notations et les résultats dans le théorème suivant qui peut être considéré comme le théorème de Bayes ou la solution de Bayes des problèmes inverses.

Théorème 3.1[53] :

Supposons que la variable aléatoire $X \in \mathbb{R}^n$ *a une densité de probabilité a priori connue* π_{pr} *et les données se composent de la valeur observée* $y_{observé}$ *de la variable aléatoire observable* $Y \in \mathbb{R}^n$ *tel que* $\pi(y_{observé})$. *Alors la densité de probabilité a posteriori de* X *, étant donné les données* $y_{observé}$ *est :*

$$\pi_{\text{post}}(x) = \pi\left(x \middle| y_{\text{observé}}\right) = \frac{\pi_{\text{pr}}(x)\pi\left(y_{\text{observé}} \middle| x\right)}{\pi\left(y_{\text{observé}}\right)} \tag{3.3}$$

Cependant, et plus fondamentalement, nous voulons insister sur le fait que l'importance de la distribution a priori dans l'analyse statistique bayésienne ne réside en aucun cas dans le fait que le paramètre d'intérêt X puisse (ou ne puisse pas) être perçu comme étant distribué selon π_{pr}, ou même comme étant une variable aléatoire, mais plutôt que l'utilisation de la distribution a priori est la meilleure façon de résumer l'information disponible (et le manque d'information) sur ce paramètre ainsi que l'incertitude résiduelle [66]. En fournissant une description fine des incertitudes sous la forme d'une densité de probabilité a posteriori, le formalisme bayésienne permet de fournir des solutions détaillées comme l'estimateur de la valeur la plus probable, l'estimateur de la moyenne, etc.

Dans la suite, nous allons simplement écrire $Y = y_{\text{observé}}$, et il est entendu que lorsque la densité de probabilité a posteriori est évaluée, nous utilisons la valeur observée de y. Dans (3.3), la densité de probabilité marginale

$$\pi(y) = \int_{\mathbb{R}^n} \pi(x, y)\, dx = \int_{\mathbb{R}^n} \pi_{\text{pr}}(x)\pi\left(y \middle| x\right) dx$$

joue le rôle d'une constante de normalisation et est généralement de peu d'importance [53]. Par conséquent, (3.3) peut s'écrire comme :

$$\pi_{\text{post}}(x) = \pi\left(x \middle| y_{\text{observé}}\right) \propto \pi_{\text{pr}}(x)\pi\left(y_{\text{observé}} \middle| x\right)$$

En résumé, en regardant la formule de Bayes (3.3), nous pouvons dire que la résolution d'un problème inverse peut être divisée en trois sous-tâches:

- Sur la base de l'information a priori de l'inconnue X , trouver une densité de probabilité a priori $\pi_{\text{pr}}(x)$ qui reflète judicieusement cette information a priori.

- Trouver la fonction de vraisemblance $\pi(y|x)$ qui décrit la relation entre l'observation et l'inconnue.

- Développer des méthodes pour explorer la densité de probabilité a posteriori.

Avant d'examiner ces problèmes plus en détail, nous discutons brièvement de comment la solution statistique d'un problème inverse peut être utilisée pour produire des estimations simples de la solution d'un problème d'inversion classique.

3.2 Estimation de l'inconnue

Dans la discussion précédente, la solution du problème inverse a été définie comme la distribution a posteriori. Si l'inconnue est une variable aléatoire avec peu de composantes, il est possible de visualiser la densité de probabilité a posteriori. Dans la plupart des problèmes inverses réels, la dimension du problème inverse peut être énorme et, par conséquent, la distribution a posteriori vit dans un espace de dimension très élevée, dans lequel la visualisation directe est impossible. Cependant, avec une distribution a postériori connue, on peut calculer différentes estimations ponctuelles. Les estimations ponctuelles répondent à la question du type : *" étant donné les données y et l'information a priori, quelle est la valeur la plus probable de l'inconnue* x ? "

L'une des estimations ponctuelles statistiques les plus utilisées est *le maximum a posteriori* (MAP). Étant donné la densité de probabilité a posteriori

$$\pi_{\text{post}}(x) = \pi(x|y) \text{ de l'inconnue } X \in \mathbb{R}^n, \text{ le MAP } x_{\text{MAP}} \text{ satisfait } [53]$$

$$x_{\text{MAP}} = \arg\max_{x \in \mathbb{R}^n} \pi(x|y) \text{ , à condition que ce maximum existe.}$$

D'un point de vue pratique, ceci est souvent transformé en la formulation équivalente [67] :

$$x_{\text{MAP}} = \arg\min_{x \in \mathbb{R}^n} \left(-\ln\left(\pi(x|y)\right)\right) \text{ , à condition que ce minimum existe.}$$

Une autre estimation ponctuelle couramment utilisée est *la moyenne conditionnelle* (CM) de l'inconnue X conditionnée par la donnée y, définie par [53] :

$$x_{CM} = \int_{\mathbb{R}^n} x\pi(x|y)dx \qquad \text{à condition que l'intégrale converge.}$$

La moyenne conditionnelle d'une fonction de l'inconnue peut être aussi utilisée :

$$\tilde{f}_{CM}(x) = \int_{\mathbb{R}^n} f(x)\pi(x|y)dx \qquad \text{à condition que l'intégrale converge.}$$

où $f(x)$ est une fonction de l'inconnue $X = x$.

La moyenne conditionnelle est souvent difficile à intégrer, mais en utilisant un échantillon $\{x_i, i = 1, 2, ..., n\}$ issu de la loi $\pi(x|y)$ cette moyenne peut être approchée numériquement par :

$$x_{CM} \approx \frac{1}{n}\sum_{i=1}^{n} x_i \quad , \quad \tilde{f}_{CM}(x) \approx \frac{1}{n}\sum_{i=1}^{n} f(x_i)$$

Plus le nombre de tirage, n, est grand plus la moyenne conditionnelle se précise : c'est une conséquence de la loi des grands nombres.

Il est probable que l'estimation ponctuelle la plus populaire en statistique soit *le maximum de vraisemblance* (ML). Cette estimation répondant à la question " *Quelle valeur de l'inconnue est plus susceptible de produire des données mesurées* y ? ", est défini par [53]

$$x_{ML} = \arg\max_{x\in\mathbb{R}^n} \pi(y|x), \text{ à condition que ce maximum existe.}$$

Ceci est un estimateur non-bayésien, et du point de vue des problèmes inverses mal posés, tout à fait inutile: il correspond souvent à résoudre le problème inverse classique sans régularisation [53].

3.3 Construction des densités de probabilités

3.3.1 Fonction de vraisemblance

La construction de la fonction de vraisemblance est souvent la partie la plus simple dans l'inversion statistique. Par conséquent, nous discuterons de la construction de la fonction de vraisemblance dans le cas d'un bruit additif avant de passer à la question la plus subtile : la construction de la densité de probabilité a priori.

Le plus souvent (et cela est vrai en particulier dans la littérature des problèmes inverses classiques) le bruit est modélisé comme additif et mutuellement indépendant de l'inconnue X. Avec les méthodes de régularisation classiques, l'indépendance mutuelle est généralement implicite plutôt qu'une propriété consciemment utilisée. Par conséquent, le modèle stochastique est :

$$Y = f(X) + E$$

avec $X \in \mathbb{R}^n$, Y, $E \in \mathbb{R}^m$ et X et Y sont mutuellement indépendants. On suppose que la distribution de probabilité $\pi_{\text{bruit}}(e)$ du bruit E est connue. Si nous fixons $X = x$, l'hypothèse de l'indépendance mutuelle de X et Y assure que la densité de probabilité de E reste inchangée lorsqu'elle est conditionnée par $X = x$. Donc on en déduit que Y conditionnée par $X = x$ est distribué comme E, d'où La loi des observations $\pi(y|x)$ caractérise l'incertitude sur l'écart entre les observations et la solution $X = x$ du modèle. La fonction de vraisemblance s'écrit alors [53] :

$$\pi(y|x) = \pi_{\text{bruit}}(e) = \pi_{\text{bruit}}(y - f(x))$$

Par conséquent, si la densité de probabilité a priori de X est $\pi_{\text{pr}}(x)$, à partir de la formule de Bayes (3.3) on obtient :

$$\pi(x|y) \propto \pi_{\text{pr}}(x)\pi_{\text{bruit}}(y - f(x))$$

Une situation un peu plus compliquée apparaît lorsque l'inconnue X et le bruit E ne sont pas mutuellement indépendants. Dans ce cas, nous avons besoin de connaître la densité conditionnelle du bruit $\pi_{bruit}\left(e|x\right)$. Lorsque $X = x$ et $E = e$ sont fixés, Y est entièrement spécifié : $Y = y = f\left(x\right)+e$. Ainsi on a [53] :

$$\pi\left(y|x\right) = \pi_{bruit}\left(y-f(x)|x\right)$$

et donc

$$\pi(x|y) \propto \pi_{pr}\left(x\right)\pi_{bruit}\left(y-f(x)|x\right)$$

3.3.2 Modèle a priori

Dans la théorie statistique des problèmes inverses, on peut affirmer que la construction de la densité a priori est l'étape la plus cruciale et souvent la partie la plus difficile. Le problème majeur de la recherche d'une densité a priori adéquate est généralement dans la nature de l'information a priori. En effet, très souvent, notre connaissance a priori de l'inconnue est de nature qualitative. Le problème consiste alors à transformer cette information qualitative dans une forme quantitative qui peut ensuite être écrite sous la forme de densité de probabilité a priori. La principale difficulté réside dans le fait que, rarement, en pratique l'information a priori se présente sous une forme probabiliste. *Par exemple, on nous dit que la grandeur recherchée est soit positive ou bornée sur un intervalle donné, de variation douce, croissante ou décroissante, etc.* Ce sont là, des descriptions qualitatives, mais difficiles à traduire sous la forme de densités de probabilité. Les densités de probabilités les plus couramment utilisés dans les problèmes inverses sont sans doute gaussiennes. Ceci est dû au fait qu'elles sont faciles à construire, ainsi nous allons nous limiter au modèle a priori gaussien.

Les densités de probabilités gaussiennes ont un rôle particulier dans la théorie de l'inversion statistique : elles sont relativement faciles à manipuler et donc elles constituent une riche source d'exemples traitables. Nous commençons par la définition de la variable aléatoire gaussienne à n variables.

- Définition [53] :

Soient $x_0 \in \mathbb{R}^n$ *et* $\Gamma \in \mathbb{R}^{n \times n}$ *une matrice symétrique définie positive, notée* $\Gamma \succ 0$ *dans la suite. Une variable aléatoire gaussienne* X *à* n *variables, avec* x_0 *comme moyenne et* Γ *comme matrice de covariance, est une variable aléatoire dont la densité de probabilité est :*

$$\pi(x) = \left(\frac{1}{2\pi|\Gamma|} \right)^{n/2} \exp\left(-\frac{1}{2}(x - x_0)^T \Gamma^{-1}(x - x_0) \right)$$

où $|\Gamma| = \det(\Gamma)$ *est le déterminant de la matrice de covariance de* Γ. *Dans ce cas, nous utilisons la notation:* $X \sim N(x_0, \Gamma)$

3.4 Exploration de la densité de probabilité a posteriori

3.4.1 Monte Carlo par Chaînes de Markov (MCMC)

La méthode de simulation MCMC [68-70] est une méthodologie générale qui fournit une solution au problème d'échantillonnage d'une distribution à plusieurs dimensions. L'idée derrière MCMC est de créer un processus de Markov dont la distribution stationnaire limite est $\pi(x|y)$ et de faire des tirages de ce processus pour constituer un échantillon de cette loi limite. Les deux algorithmes MCMC les plus répandus sont l'algorithme de Metropolis-Hastings [68] et l'échantillonneur de Gibbs [71,72]. Lorsque la chaîne devient stationnaire, on extraire un échantillon de la chaîne pour estimer les quantités d'intérêt. Nous présenterons d'abord l'algorithme de Metropolis-Hastings même s'il ne sera pas utilisé dans la suite puis l'échantillonneur de Gibbs que nous utiliserons.

3.4.1.1 Rappel sur les chaînes de Markov

Un processus à temps discret $\{x_t ; t \geq 0\}_{t \in \mathbb{N}}$ à valeur dans l'espace d'état $\aleph$ est dit markovien s'il vérifie la propriété de Markov [67] :

$$k\big(x(t)\big|x(0),x(1),...,x(t-1)\big) = k\big(x(t)\big|x(t-1)\big) = Q\big(x(t)\big|x(t-1)\big)$$

où Q porte le nom de noyau de transition. Quelques caractéristiques de la chaîne de Markov sont :

- La chaîne est dite invariante et stationnaire car : $\forall t,\ Q\big(x(t)\big|x(t-1)\big) = Q$

- La chaîne est dite irréductible car il est possible de passer de n'importe quel état à n'importe quel autre (mais pas nécessairement en une seule étape)

- La chaîne est dite apériodique car elle ne se retrouve pas coincée dans un cycle

- Si une chaîne de Markov est apériodique et irréductible, alors il existe une unique distribution stationnaire, c'est-à-dire qu'à partir de n'importe quel état initial, la chaîne convergera vers une distribution invariante $p(x)$.

- Une condition suffisante mais non nécessaire pour assurer que $p(x)$ soit la distribution invariante désirée est que MCMC satisfasse la propriété d'équilibre [73] :

$$p\big(x(t)\big)Q\big(x(t-1)\big|x(t)\big) = p\big(x(t-1)\big)Q\big(x(t)\big|x(t-1)\big)$$

3.4.1.2 Algorithme de Metropolis-Hastings

Pour une loi objective $\pi(x|y)$ donnée, quelconque, difficile à échantillonner directement, Metropolis [68] a introduit l'idée fondamentale d'évolution d'un processus markovien pour effectuer l'échantillonnage. Hastings [69] a généralisé la forme de ce type d'algorithme. C'est l'algorithme Metropolis-Hastings qui impose une règle de transition pour la chaîne de Markov de sorte que la distribution stationnaire de la chaîne soit $\pi(x|y)$.

Pour démarrer cet algorithme, une loi de proposition $q(x)$ arbitraire (aussi appelée loi instrumentale ou loi candidate) est introduite. $q(x)$ est disponible analytiquement (à une constante multiplicative près) et doit être simulable rapidement. Avec cette loi de proposition, l'itération est implémentée comme suit :

1. Initialiser $x(0)$

2. A l'étape i, simuler

$\mu \sim U(0,1)$: loi uniforme

$x^* \sim q\big(x|x(i-1)\big)$

3. Calcul du taux d'acceptation d'après la suggestion de Metropolis [68] et Hastings [69]:

$$\rho\big(x^*, x(i-1)\big) = \min\left\{1, \frac{\pi\big(x^*|y\big)q\big(x(i-1)|x^*\big)}{\pi\big(x(i-1)|y\big)q\big(x^*|x(i-1)\big)}\right\}$$

4. Accepter x^* avec la probabilité $\rho\big(x^*, x(i-1)\big)$:

$$x(i) = \begin{cases} x^* & \text{si } \mu > \rho \\ x(i-1) & \text{sin on} \end{cases}$$

5. $i = i+1$ et aller en 2

Pour la chaîne de Markov générée par l'algorithme de Metropolis-Hastings, le noyau de transition [67] est $Q_{MH} = q\big(x, x^*\big)\rho\big(x, x^*\big)$, quand $x \neq x^*$. La propriété d'équilibre est aisément prouvée et s'écrit :

$$\pi\big(x|y\big)Q_{MH}\big(x, x^*\big) = \pi\big(x^*|y\big)Q_{MH}\big(x^*, x\big).$$

Il est à remarquer que :

- L'algorithme de Metropolis-Hastings requiert seulement que la densité de probabilité à échantillonner soit connue à une constante multiplicative près, ce qui est un grand avantage car en inférence bayésienne $\pi\big(x|y\big)$ a généralement la forme suivante :

$$\pi\big(x|y\big) \propto \exp\big(-h(x)\big)$$

- L'algorithme de Metropolis-Hastings ne génère pas d'échantillons indépendants, parce que la probabilité d'acceptation de x^* dépend de $x(i-1)$.

- Le choix de $q(x)$ est important, le support de $q(x)$ devant couvrir le support de $\pi(x|y)$.

- Une chaîne simple peut être exécutée pendant une longue période de temps jusqu'à ce qu'elle converge vers la distribution stationnaire. De plus, les états visités pendant la phase initiale de la chaîne sont considérés incertains et ignorés. Cette phase initiale est appelée "étape d'allumage" (burn-in) et doit être aussi courte que possible pour limiter le temps de calcul. Il est dit qu'une chaîne de Markov se mélange rapidement si son étape d'allumage est courte.

- Le taux de convergence de la chaîne est fortement dépendant de la distribution de proposition $q(x)$ et de la distribution cible $\pi(x|y)$ [74].

Concernant l'utilisation de l'algorithme de Metropolis-Hastings, deux versions populaires se dégagent selon le choix réalisé pour $q(x)$:

- L'algorithme de Metropolis-Hastings indépendant :

$$q\left(x^*\middle|x\right) = q\left(x^*\right) \text{ où les échantillons sont indépendants les uns des autres.}$$

- Metropolis symétrique à marche aléatoire :

$$x^* = x + e, \quad q\left(x^*\middle|x\right) = q\left(x^* - x\right) \text{ où e est le pas de la marche}$$

Avec e indépendant de x. Si q est symétrique, alors

$$\rho\left(x^*, x(i-1)\right) = \min\left\{1, \frac{\pi\left(x^*\middle|y\right)}{\pi\left(x(i-1)\middle|y\right)}\right\}.$$

Le pas de la marche est un paramètre important, lorsqu'il est grand, l'échantillon devient indépendant ; lorsque le pas de la marche est petit, le taux de rejet est faible.

3.4.1.3 Echantillonneur de Gibbs

L'échantillonneur de Gibbs [71] est un type spécial de MCMC, dont la particularité importante est que la chaîne de Markov sous-jacente est construite en utilisant une séquence de distributions conditionnelles de telles sorte que $\pi(x|y)$ reste invariant par rapport à chacun de ces mouvements conditionnels. Ainsi, l'échantillonneur de Gibbs réduit effectivement un problème de simulation à grande dimension en une série de problème à faible dimension. Nous allons donc décrire l'échantillonnage de Gibbs pour simuler la loi a posteriori $\pi(x|y)$ où le paramètre x est un paramètre à plusieurs variables.

Dans le cas d'un modèle à plusieurs variables où les distributions conditionnelles seraient connues, l'échantillonneur de Gibbs est décrit comme suit :

1. Initialisation :

Il faut choisir un point de départ $x^0 = \left(x_1^0, x_2^0, ..., x_k^0\right)$ pour commencer l'itération

2. A l'itération n : il faut tirer

$$x_1^n \sim \pi\left(x_1 | x_2^{n-1}, x_3^{n-1}, x_4^{n-1}, ..., x_k^{n-1}, y\right)$$
$$x_2^n \sim \pi\left(x_2 | x_1^n, x_3^{n-1}, x_4^{n-1}, ..., x_k^{n-1}, y\right)$$
$$x_3^n \sim \pi\left(x_3 | x_1^n, x_2^n, x_4^{n-1}, ..., x_k^{n-1}, y\right)$$
$$x_4^n \sim \pi\left(x_4 | x_1^n, x_2^n, x_3^n, ..., x_k^{n-1}, y\right)$$
$$\vdots$$
$$x_k^n \sim \pi\left(x_k | x_1^n, x_2^n, x_3^n, x_4^n, ..., x_{k-1}^n, y\right)$$

3. $n = n+1$: retour à l'étape 2.

L'échantillon ainsi généré sera une simulation conforme aux densités de probabilités conditionnelles imposées et la distribution se conformera d'autant plus aux densités de probabilités conditionnelles que le nombre d'itérations sera élevé [75]. Un point est donc généré à partir du point précédent, sans utiliser l'information sur les autres points générés : il s'agit donc d'une chaîne de Markov. Ainsi, après un grand tirage $(n \rightarrow \infty)$, l'ensemble $x = \left(x_1^n, x_2^n, ..., x_k^n \right)$ constitue un échantillon de la densité de probabilité a posteriori $\pi\left(x|y \right)$. En outre, il est facile de vérifier que l'actualisation conditionnelle de chaque individu laisse $\pi\left(x|y \right)$ invariant. Posons :

$$x = \left(x_1, x_2, x_3, ..., x_d, x_{d+1}, x_{d+2} ..., x_k \right) = \left\{ \tilde{x}, \hat{x} \right\}$$

avec

$$\tilde{x} = \left(x_1, x_2, x_3, ..., x_d \right)$$
$$\hat{x} = \left(x_{d+1}, x_{d+2} ..., x_k \right)$$

Puisqu'à partir d'un grand nombre d'itération n,

$$x = \left(x_1^n, x_2^n, ..., x_k^n \right) \sim \pi\left(x|y \right)$$

alors $\hat{x} = \left(x_{d+1}^n, x_{d+2}^n ..., x_k^n \right)$ suit la distribution marginale :

$$\pi\left(\hat{x}|y \right) = \int \pi\left(\tilde{x}, \hat{x}|y \right) d\tilde{x}$$

Donc :

$$\pi\left(\tilde{x}^{n+1} | \hat{x}^n, y \right) \pi\left(\hat{x}^n | y \right) = \pi\left(\tilde{x}^{n+1}, \hat{x}^n | y \right) \quad \text{car } \tilde{x}^n \approx \tilde{x}^{n+1}$$

Cette dernière équation indique qu'après une actualisation conditionnelle, la distribution conjointe $\pi\left(\tilde{x}^{n+1}, \hat{x}^n | y \right)$ reste encore $\pi\left(x|y \right)$.

Sous des conditions de régularité générale, les références [76,77] montrent que la chaîne générée par l'échantillonnage de Gibbs converge géométriquement et que le taux de convergence est lié à la manière dont les variables se corrèlent. Il est à remarquer que :

- L'échantillonnage de Gibbs est très simple à implémenter
- La nouvelle proposition de x_k ne dépend pas de son état précédent, contrairement à l'algorithme de Metropolis-Hastings
- Le taux d'acceptation est toujours 1 (tous les échantillons simulés sont acceptés)
- Certains paramètres, s'ils sont très corrélés, peuvent être visités plus que d'autres.

Lorsqu'il est possible d'échantillonner directement des densités conditionnelles, l'échantillonnage de Gibbs est le choix naturel pour explorer une distribution a posteriori à grande dimension.

3.4.2 Convergence

La convergence se réfère à l'idée que l'algorithme de Metropolis-Hastings et de l'échantillonneur de Gibbs évoluent vers la distribution stationnaire $\pi(x|y)$. Le problème d'une convergence lente est souvent rencontré, la simulation pouvant rester pour un grand nombre d'itérations dans une région sous influence forte du point de départ. Des outils intuitifs et simples pour juger de la convergence sont l'histogramme et l'auto-corrélation de quelques paramètres. Il est en général conseillé de lancer quelques chaînes avec des points de départ relativement dispersés pour aider à juger de la convergence, l'intuition étant que le comportement de toutes les chaînes doit être essentiellement le même.

3.4.2.1 Trajectoire de la chaîne

Un outil de diagnostic intuitif est un tracé chronologique de la valeur du paramètre en fonction des itérations de la chaîne. Si la chaîne converge, le tracé se déplace autour du mode de la distribution. Cependant, le problème avec cette technique est qu'elle peut laisser croire que la chaîne a convergé alors qu'en réalité, elle peut être prise au piège (pour un temps fini) dans une région locale au lieu d'explorer la distribution entière.

3.4.2.2 Diagnostic de l'autocorrélation

L'autocorrélation est un outil mathématique souvent utilisé en traitement de signal, qui est la corrélation entre un signal et ses versions décalés. En considérant la chaîne de Markov comme un processus temporel discret, l'autocorrélation au retard k mesure le degré de corrélation entre l'état au temps (t+k) et celui au temps t. Si la chaîne de

Markov se mélange rapidement, l'autocorrélation décroit rapidement avec un nombre croissant de retard. Si le niveau d'autocorrélation est haut pour un paramètre d'intérêt, le tracé chronologique correspondant donnerait une faible indication sur la convergence. Les références [78-81] présentent d'autres outils pour juger de la convergence de la méthode MCMC. Néanmoins, il n'existe pas une approche unique permettant de juger que la convergence a été atteinte pour un problème général, mais chaque approche fournit un critère, s'il est vérifié, qui permet d'affirmer la non-convergence.

3.5 Reconstruction de chargement par approche bayésienne

En dynamique des structures, le problème de reconstruction de chargement auquel nous sommes confrontés est un problème inverse mal posé. Ce problème est posé sous la forme d'un système d'équations linéaires. Par conséquent, nous allons appliquer le théorème (3.3) ci-dessus sur le problème linéaire :

$$Y = AX + E,$$

avec $A \in \mathbb{R}^{m \times n}$ une matrice connue, $X \in \mathbb{R}^n$, $Y \in \mathbb{R}^m$ et $E \in \mathbb{R}^m$ sont des variables aléatoires. $E \in \mathbb{R}^m$ est un bruit additif. Supposons en outre que X et E sont des variables gaussiennes mutuellement indépendantes avec les densités de probabilités

$$\pi_{pr}(x) \propto \exp\left(-\frac{1}{2}(x - x_0)^T \Gamma_{pr}^{-1}(x - x_0)\right)$$

et

$$\pi_{bruit}(e) \propto \exp\left(-\frac{1}{2}(e - e_0)^T \Gamma_{bruit}^{-1}(e - e_0)\right)$$

Avec cette information, on obtient à partir de la formule de Bayes (théorème 3.1) que la distribution a posteriori de x sachant y est :

$$\pi(x|y) \propto \pi_{pr}(x)\pi_{bruit}(y - Ax) \tag{3.4}$$

$$\pi(x|y) \propto \exp\left(-\frac{1}{2}(x-x_0)^T \Gamma_{pr}^{-1}(x-x_0) - \frac{1}{2}(y-Ax-e_0)^T \Gamma_{bruit}^{-1}(y-Ax-e_0)\right)$$

Il est facile de calculer la forme explicite de cette expression. Il a été montré dans le théorème 3.7 de [53] que :

$$\pi(x|y) \propto \exp\left(-\frac{1}{2}(x-\overline{x})^T \Gamma_{post}^{-1}(x-\overline{x})\right)$$

avec

$$\overline{x} = x_0 + \Gamma_{pr}A^T\left(A\Gamma_{pr}A^T + \Gamma_{bruit}\right)^{-1}(y-Ax_0-e_0) \qquad (3.5)$$

$$\Gamma_{post} = \Gamma_{pr} - \Gamma_{pr}A^T\left(A\Gamma_{pr}A^T + \Gamma_{bruit}\right)^{-1}A\Gamma_{pr} \qquad (3.6)$$

Une représentation alternative pour la matrice de covariance a posteriori ainsi que la moyenne a postériori [53] est :

$$\overline{x} = \left(\Gamma_{pr}^{-1} + A^T\Gamma_{bruit}^{-1}A\right)^{-1}\left(A^T\Gamma_{bruit}^{-1}(y-e_0) + \Gamma_{pr}^{-1}x_0\right) \qquad (3.7)$$

$$\Gamma_{post} = \left(\Gamma_{pr}^{-1} + A^T\Gamma_{bruit}^{-1}A\right)^{-1} \qquad (3.8)$$

Si la variable aléatoire X est le chargement que nous cherchons à identifier, alors la relation (3.5) ou (3.7) constitue une très bonne approximation du chargement.

La référence [67] souligne qu'en pratique, la moyenne x_0 de la loi a priori peut être prise comme égal au vecteur nul ($x_0 = 0$) tandis que la matrice de covariance a priori Γ_{pr} peut être simplement supposée proportionnelle à la matrice identité, une matrice exponentielle ou gaussienne. Le fait que la moyenne x_0 de la loi a priori peut être prise comme égal au vecteur nul ($x_0 = 0$) est mentionné également dans la référence [53] au travers de son exemple 14 de son chapitre 3. Ainsi, l'on peut retenir que l'importance de la distribution a priori dans l'analyse statistique bayésienne ne réside en aucun cas dans le fait que le paramètre d'intérêt X puisse (ou ne puisse pas) être perçu comme étant distribué selon π_{pr}, ou même comme étant une variable aléatoire, mais plutôt que l'utilisation de la distribution a priori est la meilleure façon de résumer l'information disponible (et le manque d'information) sur ce paramètre ainsi que l'incertitude résiduelle comme le dit la référence [66].

Remarques [53] :

- Dans le cas purement gaussien, le point central $\overline{x}$ est à la fois le maximum a posteriori et la moyenne conditionnelle : $\overline{x} = x_{MAP} = x_{CM}$.

- De même, Γ_{post} est la matrice de covariance conditionnelle. Remarquons que dans le sens des formes quadratiques,

$\Gamma_{post} \leq \Gamma_{pr}$, autrement dit, la matrice $\Gamma_{pr} - \Gamma_{post}$ est semi-définie positive. Etant donné que la matrice de covariance d'une densité de probabilité gaussienne exprime la largeur de la densité, cette inégalité signifie qu'une mesure ne peut jamais accroître l'incertitude.

L'équation (3.5) ou (3.7) représente la meilleure estimation de l'inconnue X que nous recherchons. Cette estimation dépend de la moyenne et de la matrice de covariance a priori qui sont respectivement x_0 et Γ_{pr} ainsi que de la moyenne e_0 et la matrice de covariance Γ_{bruit} du bruit contenu dans les données y . Tous ces paramètres (x_0, e_0, Γ_{bruit} et Γ_{pr}) sont a priori inconnus. Sinon si x_0 était connue, on ne se serait pas donné tant de temps à développer la méthode bayésienne afin d'estimer la solution, puisque x_0 est ce que nous cherchons à estimer. Dès lors que ces paramètres ne sont pas connus, on peut s'interroger : comment pourrions-nous déterminer $\overline{x}$? Quelle lecture fait l'approche bayésienne sur ces paramètres, a priori inconnus ? La réponse à ces questions peut être trouvée dans l'approche hiérarchique bayésienne qui est présentée dans le paragraphe suivant.

3.6 Approche hiérarchique bayésienne et échantillonnage de Gibbs

Une grande partie de la littérature discutant des techniques de régularisation est consacrée au problème de sélection des paramètres de régularisation. Par exemple, dans la régularisation de Tikhonov décrit dans le chapitre précédent, la méthode de la courbe en L, est souvent utilisée pour déterminer le paramètre de régularisation afin d'estimer la solution du problème. Une question fréquemment posée est de savoir si l'approche bayésienne fournit des outils similaires. En d'autres termes, que dit l'approche bayésienne face au problème de sélection des paramètres de régularisation ?

Dans le cadre bayésien, la réponse à la question de savoir comment les paramètres de régularisation doivent être choisis est: *Si un paramètre est inconnu, alors il fait partir du problème d'inférence* [53]. Ainsi, les paramètres inconnus x_0, e_0, Γ_{bruit} et Γ_{pr} font partir du problème d'inférence, c'est-à-dire que l'inférence se porte désormais sur l'ensemble des paramètres $x, x_0, e_0, \Gamma_{bruit}$ et Γ_{pr}.

Zhang et ses collègues soulignent dans [63] que les paramètres x_0, e_0, Γ_{bruit} et Γ_{pr}, appelés hyper-paramètres, sont également des variables aléatoires qui suivent des lois de probabilités connues. D'un point de vue bayésien, ces hyper-paramètres constituent une sorte de paramètres de régularisation. Une bonne évaluation de ces hyper-paramètres permet donc une meilleure estimation de $\overline{x}$. L'évaluation de ces hyper-paramètres s'obtient grâce aux modèles hiérarchiques bayésiens que nous discutons en considérant l'exemple 1, ci-après.

Exemple 1:

Considérons un problème inverse linéaire avec un bruit additif gaussien

$$Y = AX + E,$$

où $E \sim N(0, \Gamma_{bruit})$ avec Γ_{bruit} une matrice symétrique connue, définie positive. Supposons que le modèle a priori pour X est aussi une gaussienne :

$$X \sim N\left(x_0, \frac{1}{\alpha}\Gamma_{pr}\right)$$

où Γ_{pr} est une matrice symétrique connue, définie positive, mais $\alpha \succ 0$ n'est pas connu.

Par conséquent, nous pouvons écrire [53] la densité a priori de $X \in \mathbb{R}^n$, en supposant que α était connu, comme suit :

$$\pi_{pr}\left(x\middle|\alpha\right) = \frac{\alpha^{n/2}}{\sqrt{(2\pi)^n |\Gamma_{pr}|}} \exp\left(-\frac{1}{2}\alpha x^T \Gamma_{pr}^{-1} x\right)$$

Supposons en outre que, nous avons une densité a priori $\pi_h(\alpha)$ du paramètre α. Nous supposons ici que cette densité est une distribution de Rayleigh,

$$\pi_h(\alpha) = \frac{\alpha}{\alpha_0} \exp\left(-\frac{1}{2}\left(\frac{\alpha}{\alpha_0}\right)^2\right), \text{ où } \alpha > 0 \text{ et } \alpha_0 \text{(connu)} > 0$$

La distribution de probabilité conjointe de α et X est donc

$$\pi(x,\alpha) = \pi_{pr}\left(x\middle|\alpha\right)\pi_h(\alpha)$$
$$\propto \alpha^{(n+2)/2} \exp\left(-\frac{1}{2}\alpha x^T \Gamma_{pr}^{-1} x - \frac{1}{2}\left(\frac{\alpha}{\alpha_0}\right)^2\right)$$

En considérant maintenant α et $X = x$ comme les inconnues du problème, nous écrivons la densité de probabilité a posteriori comme suit :

$$\pi\left(x,\alpha\middle|y\right) = \pi_{bruit}\left(y - Ax\right)\pi_{pr}\left(x\middle|\alpha\right)\pi_h(\alpha)$$
$$\propto \alpha^{(n+2)/2} \exp\left(-\frac{1}{2}\alpha x^T \Gamma_{pr}^{-1} x - \frac{1}{2}\left(\frac{\alpha}{\alpha_0}\right)^2 - \frac{1}{2}\left(y - Ax\right)^T \Gamma_{bruit}^{-1}\left(y - Ax\right)\right)$$

En dehors de l'inconnue $X = x$, le paramètre α est la seule inconnue : α est alors le seul paramètre de régularisation, c'est-à-dire la détermination de α conduit à une valeur stable régularisée de l'inconnue $X = x$. Cette formule de $\pi\left(x,\alpha\middle|y\right)$ nous permet d'estimer α et X simultanément à travers un échantillonnage itératif comme celui de Gibbs précédemment décrit dont nous donnons ci-après sa mise en œuvre sur cet exemple.

Au regard de l'expression de la densité a posteriori $\pi\left(x, \alpha \mid y\right)$, nous sommes dans le cas d'un modèle à deux variables. Si $\Gamma_{\text{bruit}} = \sigma^2 I$ et $\Gamma_{\text{pr}} = I$ où I est la matrice identité alors l'algorithme de Gibbs en vue d'une estimation simultanée de α et X est proposé comme suit:

Etape 1 : Initialisation de α et X

$x = x_0$ et $\alpha = \alpha_0$

Etape 2 : Mise à jour de α et X

Tirer selon la distribution suivante

$$\pi\left(\alpha \mid x, y\right) \propto \exp\left(-\frac{1}{2}\alpha\|x\|_2^2 - \frac{1}{2}\left(\frac{\alpha}{\alpha_0}\right)^2 + \frac{n+2}{2}\log\left(\alpha\right)\right)$$

Tirer selon la distribution gaussienne suivante

$$\pi\left(x \mid \alpha, y\right) \propto \exp\left(\frac{1}{2}\alpha\|x\|_2^2 - \frac{1}{2\sigma^2}\|y - Ax\|_2^2\right)$$

Etape 3 : retour à l'étape 2 jusqu'à ce qu'un maximum de tirage soit fait.

Remarque :

Il est à noter qu'un tirage de α selon la distribution

$$\pi\left(\alpha \mid x, y\right) \propto \exp\left(-\frac{1}{2}\alpha\|x\|_2^2 - \frac{1}{2}\left(\frac{\alpha}{\alpha_0}\right)^2 + \frac{n+2}{2}\log\left(\alpha\right)\right),$$

(qui n'est pas une densité de probabilité usuelle) peut être fait en appliquant la méthode de rejet qui consiste à échantillonner $\pi(\alpha \mid x, y)$ au travers d'une autre densité de probabilité dont on sait faire un tirage [53].

3.7 Lien entre l'approche bayésienne et la régularisation de Tikhonov

Considérons le modèle linéaire définie au paragraphe 3.5 :

$Y = AX + E$, avec $A \in \mathbb{R}^{m \times n}$ une matrice connue, $X \in \mathbb{R}^n$, $Y \in \mathbb{R}^m$ et $E \in \mathbb{R}^m$ sont des variables aléatoires. $E \in \mathbb{R}^m$ est un bruit additif. Supposons en outre que X et E soient des variables gaussiennes mutuellement indépendantes avec les densités de probabilités

$$\pi_{\mathrm{pr}}(x) \propto \exp\left(-\frac{1}{2}(x-x_0)^T \Gamma_{\mathrm{pr}}^{-1}(x-x_0)\right)$$

et

$$\pi_{\mathrm{bruit}}(e) \propto \exp\left(-\frac{1}{2}(e-e_0)^T \Gamma_{\mathrm{bruit}}^{-1}(e-e_0)\right)$$

Avec cette information, on obtient à partir de la formule de Bayes (théorème 3.1) que la distribution a posteriori de x sachant y est :

$$\pi(x|y) \propto \pi_{\mathrm{pr}}(x)\,\pi_{\mathrm{bruit}}(y-Ax)$$

$$\pi(x|y) \propto \exp\left(-\frac{1}{2}(x-x_0)^T \Gamma_{\mathrm{pr}}^{-1}(x-x_0) - \frac{1}{2}(y-Ax-e_0)^T \Gamma_{\mathrm{bruit}}^{-1}(y-Ax-e_0)\right)$$

Si $\Gamma_{\mathrm{bruit}} = \sigma^2 I$, alors :

$$\pi(x|y) \propto \exp\left(-\left\{\frac{\varphi(x)}{2} + \frac{\sigma^{-2}}{2}\|y-Ax\|^2\right\}\right) \text{ si } e_0 = 0.$$

Avec $\varphi(x) = (x-x_0)^T \Gamma_{\mathrm{pr}}^{-1}(x-x_0)$.

De ce fait, si on choisit un estimateur MAP, le problème d'optimisation revient à trouver le minimum du critère suivant [52] :

$$\Gamma(x) = \frac{\varphi(x)}{2} + \frac{\sigma^{-2}}{2} \|y - Ax\|^2$$

Ce qui correspond à la régularisation de Tikhonov où $\frac{\varphi(x)}{2}$ joue le rôle de la fonctionnelle stabilisatrice. Le minimum de ce critère est donné par la relation (3.7) ci-dessus qui constitue la solution régularisée :

$$\bar{x} = \left(\Gamma_{pr}^{-1} + A^T \Gamma_{bruit}^{-1} A\right)^{-1} \left(A^T \Gamma_{bruit}^{-1} (y - e_0) + \Gamma_{pr}^{-1} x_0\right)$$

$$\bar{x} = \left(\Gamma_{pr}^{-1} + \sigma^{-2} A^T A\right)^{-1} \left(\sigma^{-2} A^T y + \Gamma_{pr}^{-1} x_0\right)$$

Bien évidemment la loi a posteriori dépend de la loi a priori. Aussi, Zhang et al. utilisent une méthode itérative où la loi a posteriori devient la loi a priori à la boucle suivante : on définit une approche Monte-Carlo par chaîne de Markov (MCMC) [82]. L'intérêt est que l'influence de la loi a priori diminue au fur et à mesure que l'on fait des itérations. Par ailleurs, il ne faudrait pas perdre de vue que l'identification de force est aussi un problème inverse de reconstruction de signaux issus d'un chargement. Le problème inverse de reconstruction d'images ou de signaux a connu une avancée extraordinaire en 2004 [83] quand Emmanuel Candès et Terence Tao dressent les fondements de la théorie générale du ''compressed sensing'' (CS). CS (ou acquisition compressée) est un outil permettant de reconstruire un signal discret qui ne respecte pas le critère d'échantillonnage (défini ci-après) proposé par Shannon-Nyquist. Ainsi, plusieurs chercheurs traitant le problème inverse de reconstruction de signaux ont proposé l'approche probabiliste bayésienne comme une alternative de résolution de problèmes inverses posés dans le contexte de CS. Richard Baraniuk et ses collègues [84] ont rédigé un document dans lequel ils illustrent avec beaucoup de clarté la théorie CS et proposent plusieurs méthode de résolution des problèmes du type CS, parmi ces méthodes figure l'approche probabiliste bayésienne. Xing Tan et Jian Li dans [85] ont résolu un problème de traitement de signal dans un cadre de CS en faisant recours à la méthode bayésienne et ils utilisent l'échantillonneur de Gibbs pour estimer la solution du problème. Shihao Ji et ses collègues dans [86], Lihan He et Lawrence Carin dans [87] ainsi que Ahmed A. Quadeer et Tareq Y. Al-Naffouri [88] utilisent tous l'approche probabiliste bayésienne pour résoudre un problème inverse de reconstruction de signaux ou d'images dans un contexte de CS. La détection de signaux avec des mesures compressées par une approche bayésienne a été développée dans [90] par Jiuwen Cao et Zhiping Lin. Dans les références [89-94], l'approche bayésienne et d'autres techniques visant à résoudre un problème inverse posé sous la forme de CS ont été abordées.

Toutefois, il est à signaler que les problèmes qui ont été traités dans le contexte de CS sont, dans leur immense majorité, directement liés aux traitements d'images et par conséquent les documents traitant le problème d'identification de chargement associé à la méthode de CS se font très rares. Nous allons présenter dans le paragraphe suivant, la possible reconstruction bayésienne de chargement dans le cadre de CS.

3.8 Reconstruction bayésienne de chargements via compressed sensing

Ingénieur électricien et mathématicien américain, Claude Shannon est considéré comme un des pères de la théorie de l'information. Son nom est associé au célèbre théorème de l'échantillonnage également connu comme critère de Shannon-Nyquist, affirmant que [83] :

Si un signal analogique est échantillonné avec une fréquence $F_e = 1/T_e$ au moins égale à deux fois la fréquence maximale du signal $F_{\max}$, alors on peut reconstruire sans perte d'informations le signal analogique à partir des échantillons.

En d'autres termes, un signal échantillonné à une fréquence prescrite par Shannon contient toute l'information du signal original.

En CS, La question soulevée est donc de savoir si l'on peut échantillonner un signal à une fréquence inférieure à la fréquence minimale prescrite par Shannon. Dans le cas d'un signal issu d'un chargement exercé sur une structure, que l'on peut toujours représenter comme un vecteur $X \in \mathbb{R}^n$, la question revient à savoir si l'on peut reconstruire X (au travers de sa représentation parcimonieuse $w_r \in \mathbb{R}^n$) à partir de l'observation

$$Y = ABw_r + E \tag{3.9}$$

où Y a un nombre de composantes $m \leq n$, A est la matrice de transfert contenant toutes les caractéristiques physiques de la structure, E est un bruit additif, $X = Bw_r$, avec B qui peut être une base ou un dictionnaire [83] et $\Phi = AB$ est une matrice de taille $m \times n$ qui peut modéliser un sous-échantillonnage et vérifier la propriété d'isométrie restreinte [83, 95].

Dans le cas d'un sous-échantillonnage ($m \ll n$), nous avons, ici, affaire à un système sous-déterminé ou à un problème dit mal-posé, car on dispose de beaucoup moins d'observations que de données, ou dit autrement on a affaire à système linéaire avec beaucoup moins d'équations que d'inconnues. Généralement, un tel système possède soit zéro soit une infinité de solutions. D'où l'étonnement que peut engendrer la tentative de résoudre un tel problème. Or, il se trouve que sous la condition de la propriété d'isométrie restreinte [83, 95] que doit vérifier la matrice Φ, on peut, de façon satisfaisante et par une approche bayésienne, reconstruire le signal chargement X à partir de l'observation Y.

Le cas du sous échantillonnage correspondant au cas où on a moins de capteurs de mesures qu'il y a de chargements et où la matrice Φ est légèrement affectée par une petite perturbation de type aléatoire, nous verrons dans le cinquième chapitre si le cas du sous échantillonnage permet une identification satisfaisante de X.

Comme évoqué ci-dessus, en CS la reconstruction du chargement X se fait au travers de sa représentation parcimonieuse w_r qu'il convient de définir. Un vecteur $w_r \in \mathbb{R}^n$ est dit r-parcimonieux avec $r \prec n$ s'il contient au plus r composantes non nulles, les autres composantes étant nécessairement nulles [83]. On parlera alors de caractère parcimonieux d'un signal s'il admet une représentation parcimonieuse dans une certaine base B (ou un dictionnaire). Plusieurs théories d'approximation de w_r ont été avancées dans les références [96-101]. Toutefois, dans la pratique de la reconstruction de chargement, w_r n'est pas explicitement mesuré. On mesure plutôt $w \in \mathbb{R}^n$ qui est approximativement parcimonieux. La reconstruction du chargement au travers de w serait équivalente à une identification à travers w_r car pour les signaux qui sont lisses, l'erreur $\|w - w_r\|_2$ est très souvent négligeable [86] pour $r \ll n$.

Le problème inverse (3.9) d'identification du chargement X étant un problème mal posé, l'obtention d'une solution régularisée w de (3.9), peut se faire par une approche d'optimisation basée sur la norme L_1 [85] :

$$w = \arg\min_{w} \|w\|_1 \text{ sachant que } \|Y - \Phi w\|_2 < \delta \qquad (3.10)$$

où δ est un paramètre utilisateur. Une autre façon de trouver une solution régularisée w de (3.9) est de résoudre le problème d'optimisation ci-après [85] :

$$w = \arg\min_{w} \left\{ \|Y - \Phi w\|_2 + \lambda \|w\|_1 \right\} \qquad (3.11)$$

L'approche bayésienne axée sur l'algorithme de Gibbs étant l'un des outils pour résoudre ces deux problèmes d'optimisation, nous l'utiliserons aux deux derniers chapitres de ce livre.

3.9 Conclusion

Dans ce chapitre, on a réalisé une étude bibliographique sur la résolution des problèmes inverses par l'approche probabiliste bayésienne. Cela a permis, non seulement, de mettre en lumière l'analyse bayésienne de ces problèmes mais aussi de dégager leur solution au sens bayésien. La solution des problèmes inverses au sens bayésien se présente sous la forme d'une loi de probabilité appelée densité de probabilité a postériori. La construction de cette loi de probabilité passe par la prise en compte de deux autres lois de probabilités. La densité de probabilité a priori reflète le degré d'information que l'on a sur le paramètre d'intérêt avant la mesure. La deuxième loi est celle appelée la densité de probabilité de vraisemblance : elle modélise la loi des observations. Dans l'optique de pouvoir estimer le paramètre d'intérêt du problème, un modèle hiérarchique bayésien et l'échantillonnage de Gibbs ont été illustré. Un lien entre l'approche probabiliste bayésienne et la régularisation de Tikhonov a été présenté. Un nouvel outil permettant la reconstruction de signaux issus d'un chargement a été présenté : il s'agit de "compressive sensing" (CS). Le CS est une méthode récente qui permet d'envisager une nouvelle façon de reconstruire les signaux issus d'un chargement en exploitant son caractère parcimonieux. Rappelons que les deux étapes successives d'échantillonnage à la fréquence de Shannon puis de compression dans une base adaptée sont finalement couteuses en temps pour ne retenir que quelques coefficients représentatifs. L'idée novatrice du CS est d'effectuer ces deux opérations simultanément, c'est-à-dire échantillonner et compresser en même temps, grâce au caractère parcimonieux.

A partir de l'analyse de la bibliographie, il nous semble important d'approfondir les questions suivantes :

- Analyse et limite de l'approche probabiliste bayésienne dans le processus de reconstruction de forces dans le domaine temporel.

- Est-il possible de reconstruire simultanément plusieurs chargements appliqués en différents points de la structure ou encore une pression qui est (ou n'est pas) appliquée uniformément ?

- La position du capteur de mesure a-t-elle une influence dans l'estimation du chargement ?

- La reconstruction bayésienne de forces est-elle possible en utilisant une matrice de transfert perturbée ?

- La qualité de la reconstruction d'efforts est-elle meilleure dans un problème inverse de type compressed sensing ?

On va tenter de donner des réponses à ces questions dans les chapitres de la partie C dédiée à l'application de l'approche probabiliste bayésienne. Mais avant, faisons une étude bibliographique sur la caractérisation des efforts à identifier ainsi que leur localisation. Ceci, sera l'objet du quatrième chapitre.

Chapitre 4:

Nature de la force reconstruite et sa localisation

En dynamique des structures, la connaissance des forces d'excitations agissant sur un système mécanique est d'une importance capitale lorsqu'il s'agit d'étudier son comportement dynamique. Ces forces peuvent être utilisées par exemple comme entrées d'un modèle numérique type éléments finis en vue d'une simulation ou dans une optique de diagnostic afin de déterminer la capacité résiduelle de la structure à remplir la fonction pour laquelle elle a été mise en service. Lorsque la structure est soumise à une sollicitation inconnue, la connaissance d'une part d'un modèle mathématique pour représenter la structure et d'autre part de la réponse mesurée, est essentielle afin d'estimer cette action. En général, il faut estimer l'évolution temporelle de la force, sa direction et son emplacement.

Quand une force statique ou quasi-statique est considérée, l'identification est généralement facile à réaliser. Cependant, le niveau de difficulté augmente dans le cas d'excitation de type choc à cause de la courte durée et de la variation rapide de l'amplitude de la force d'impact.

Dans ce chapitre, il sera question de la caractérisation des forces d'impact : nature de la force à identifier et sa localisation. Laquelle caractérisation qui sera effectuée par l'approche bayésienne dans les prochains chapitres.

Nous allons aborder dans un premier temps la notion de force d'impact idéale pour ensuite illustrer les forces reparties. La question de localisation des forces sera mise en évidence avant de conclure ce chapitre.

4.1 Force d'impact idéale

Une force d'impact $f(t)$ est caractérisée par sa courte durée dans le temps. "Courte durée" signifie que l'action de la charge est très rapide par rapport à la dynamique d'ensemble du système. Elle peut idéalement être représentée sous la forme de la fonction delta de Dirac comme:

$$\delta(t) = \begin{cases} +\infty, & t = 0 \\ 0, & t \neq 0 \end{cases}, \quad \int_{-\infty}^{+\infty} \delta(t)\,dt = 1 \tag{4.1}$$

La fonction delta de Dirac peut être approchée par la force d'impact $f(t)$ formulée comme suit :

$$f(t) = \begin{cases} \dfrac{F}{\varepsilon}, & 0 \leq t < \varepsilon \\ 0, & 0 > t \geq \varepsilon \end{cases}, \quad \int_{-\infty}^{+\infty} f(t)\,dt = F \tag{4.2}$$

Toutefois en pratique, compte-tenu des interactions entre structures, une force d'impact n'a pas une durée qui tend nécessairement vers zéro : typiquement on considère que c'est une excitation dont la durée est inférieure à deux fois la première période propre de la structure [103]. Aussi, elle est couramment approchée par diverses expressions analytiques [103]. Une fonction couramment utilisée est le demi-sinus dont la demi-période donne la durée du choc T_c :

$$f(t) = \begin{cases} F\sin\left(\dfrac{2\pi}{T_c}t\right) & \text{pour } t \in \left[0 \quad \dfrac{T_c}{2}\right] \\ 0 & \text{sin on} \end{cases} \tag{4.3}$$

A noter que dans nos simulations ultérieures on utilisera l'expression générale suivante : $f(t) = Ft^{\alpha}\exp(-\beta t)$, où α et β sont des entiers et que β permet de régler la durée d'impact.

4.2 Forces reconstruites

4.2.1 Forces ponctuelles

Dans la littérature, les sollicitations identifiées sont généralement des forces d'impact. Ainsi Inoue et al. [104] ont décomposé la force d'impact en trois composantes directionnelles afin de prédire son amplitude et sa direction. L'identification de la force d'impact a été validée pour une poutre simplement appuyée, la réponse de la structure étant mesurée par des jauges de déformation. La référence [14] a étudié la reconstruction des efforts dans le domaine temporel par la décomposition en valeur singulière et la régularisation de Tikhonov. Les références [62,105] ont reconstruit des efforts dans le domaine fréquentiel par la décomposition en valeur singulière tronquée et la régularisation de Tikhonov.

Martin et Doyle [33] ont utilisé une méthode de déconvolution dans le domaine fréquentiel pour identifier une force d'impact. Les réponses (déformation, accélération,...) ont été enregistrées lors d'expérimentations. Une analyse spectrale de la structure permet d'établir une relation entre les transformées de Fourier de la réponse et de la force d'impact. La déconvolution dans le domaine des fréquences suivie d'une transformée de Fourier inverse permet ensuite d'obtenir l'évolution temporelle de la force d'impact.

Doyle [10, 11, 12, 27, 38] propose une méthode dans une série d'études pour identifier la force d'impact sur des poutres et des plaques. A partir de la théorie classique des poutres [10,11] et des plaques [12], les relations entre les réponses mesurées et la force d'impact ont été obtenues. Il utilise ensuite les méthodes dans le domaine temporel et le domaine fréquentiel pour reconstruire la force d'impact.

Chang et Sun [17], Wu [16] ont identifié une force d'impact expérimentale. La méthode présentée n'est pas limitée par les conditions aux limites, la forme et les propriétés des matériaux de la structure puisqu'elle est basée sur une détermination expérimentale de la fonction de transfert. Lee et ses collègues [106] ont reconstruit la force d'impact sur une plaque épaisse en utilisant la fonction de Green et la forme d'onde acoustique. Une expérience a été réalisée par Kim et Lee [15] pour vérifier ces résultats.

Ma et ses collègues [22] ont estimé la force par une méthode inverse qui est basée sur le filtre de Kalman et un algorithme des moindres carrés récursifs. Les simulations numériques sur une poutre cantilever avec une masse sur l'extrémité libre ont été réalisées à partir des réponses de sortie. Dans les simulations numériques, la poutre cantilever subit cinq types de force d'entrée : sinusoïdale, impulsion triangulaire, impulsion rectangulaire, une série d'impulsions.

Jacquelin et ses collègues [13] ont reconstruit une force d'impact excitant une plaque au centre. Ils étudient tout d'abord le système avec des forces numériques et ensuite avec des forces expérimentales. Avec les résultats expérimentaux, on constate que la reconstruction de la force dépend essentiellement de la position relative entre le point d'excitation et le point mesure, et il est postulé que la reconstruction de la force est meilleure si la fonction de transfert entre le point d'excitation et le point de mesure présente toujours une antirésonance entre deux résonances. Jacquelin et ses collègues [14] ont analysé une technique de déconvolution et résolu les problèmes qui surviennent. Les méthodes de régularisation de Tikhonov et de la décomposition en valeurs singulières sont présentées. Ils ont aussi mis en évidence l'influence de la position des points de mesure et les difficultés pour déterminer le paramètre de régularisation.

Uslua et ses collègues [20] ont présenté une méthode indirecte pour déterminer la force sur une plaque en utilisant la fonction de réponse fréquentielle (FRF) du système et en mesurant des niveaux de vibration ambiants. Cette méthode utilise une inversion généralisée de la matrice de FRF et le spectre des réponses mesurées.

Uhl [21] présente la théorie des méthodes inverses et leurs limites majeures. L'erreur entre la réponse simulée et mesurée est utilisée pour déterminer la fonction objectif. Un test numérique et expérimental pour vérifier la procédure a été appliqué pour l'identification de la force de contact roue-rail d'un train en service.

Adam et Doyle [25] ont identifié la force d'impact sur une structure complexe à partir des réponses mesurées.

Wang et Chiu [40] ont reconstruit d'une force d'impact s'appliquant sur une poutre cantilever. Ils ont formulé aussi un algorithme optimal pour déterminer l'amplitude de la force en utilisant la fonction objectif qui est l'erreur au sens des moindres carrés entre les réponses en accélération prédite et mesurée. Les effets de l'amplitude de la force, du positionnement du capteur et de la plage de fréquence excitée ont été étudiés.

N. Hu et ses collègues [24] ont proposé une technique pour identifier la force d'impact exercée sur des plaques en fibre de carbone. Un modèle d'optimisation est mis en place pour résoudre ce problème inverse en utilisant la méthode de programmation quadratique. Les polynômes de Tchebychev sont utilisés pour estimer l'histoire de la force d'impact. La méthode des éléments finis et la méthode de superposition donnent une relation entre les coefficients des polynômes de Tchebychev et les réponses des capteurs.

4.2.2 Forces reparties

Liu et Shepard [107] ont abordé le problème de la reconstruction des charges dynamiques sur les structures de type plaques minces ou coques cylindriques. Ils ont utilisé soit la méthode modale modifiée soit la méthode de sélection de modes.

Djamaa et ses collègues [108] ont utilisé la méthode inverse et le filtrage spatial pour reconstruire une force distribuée qui est appliquée sur une coque cylindrique mince. À basse fréquence, les déformations longitudinales et tangentielles ont été utilisées pour la reconstruction de la force d'entrée.

Nakamura et ses collèges [23] proposent une méthode pour interpoler une charge distribuée continue afin d'identifier la charge aérodynamique à partir de la déformation mesurée. Ils réalisent une analyse inverse numérique en utilisant la matrice pseudo-inverse de Moore-Penrose. Une extension de la méthode par couplage avec l'équation de l'aérodynamique permet d'améliorer la précision de l'estimation lorsque seule une quantité limitée des données est disponible.

El Khannoussi et ses collègues [109] ont proposé une nouvelle méthode pour la reconstruction de la force distribuée sur une plaque élastique rectangulaire. Cette méthode est basée sur la décomposition en valeurs singulières de la matrice de Toeplitz. Une technique de régularisation basée sur le filtrage par troncature est effectuée pour éliminer les petites valeurs singulières généralisées. De bons résultats sont obtenus avec des temps de calcul inférieurs à celle de la méthode classique de troncature.

Jiang et Hu [35] présentent une approche pour reconstruire des charges distribuées dynamiques sur une poutre d'Euler à partir de réponses mesurées. L'approche est basée sur une méthode de sélection de modes pour déterminer la gamme optimale de la fréquence et les modes spatiaux à utiliser.

Granger et Perotin [36] ont présenté une méthode inverse pour estimer une excitation aléatoire distribuée sur les structures vibrantes. A partir de la mesure de la réponse de la structure en un certain nombre de points discrets, un modèle modal de la structure est identifié. Les paramètres modaux sont ensuite utilisés pour estimer les densités spectrales des réponses modales et les excitations généralisées. Une méthode de régularisation a été développée pour obtenir des estimations de coordonnées modales qui permettent d'obtenir les estimations des composantes modales de l'excitation.

Il est important de remarquer que, en général, ces forces réparties sont en réalité des pressions uniformes. De ce fait, la problématique se ramène à l'identification d'une force ponctuelle de chargement.

4.3 Localisation

La littérature concernant le problème de la localisation de la force d'impact est assez étoffée. Cela tient de la nécessité de connaître la localisation du chargement pour identifier ce chargement.

Doyle [11] a présenté une méthode pour déterminer l'emplacement d'impulsions dispersives sur une poutre en appliquant les informations de phase obtenues par l'analyse spectrale. Doyle [110] a également déterminé la localisation de la force d'impact sur une poutre en aluminium. Inoue [111] a réalisé une expérience pour analyser la dispersion des ondes d'une poutre afin de déterminer la location de l'impact. Gaul et Hurlebaus [112] ont développé une méthode expérimentale qui est basée sur les principes de propagation d'ondes dispersives dans des plaques isotropes pour identifier la localisation d'un impact. Wang et Hu [113] ont développé un modèle de prédiction de force pour déterminer l'amplitude et l'emplacement d'une force harmonique agissant sur une poutre cantilever à l'aide de capteurs PVDF (Polyvinylidene Fluoride). Zheng et ses collègues [114] proposent de minimiser le nombre de conditionnement pour la reconstruction de la force en analysant la cohérence de la matrice de transfert pour obtenir le facteur de cohérence qui optimise la localisation de la réponse. Sekine et Atobe [115] ont identifié la localisation de la force d'impact sur des panneaux composites.

Lorsque l'amplitude de l'impact est inconnue, il est possible de combiner une technique d'identification de la force avec un algorithme itératif pour déterminer sa localisation. Martin et Doyle [116] montrent l'intérêt qu'il y a à utiliser plusieurs capteurs. Ils proposent de coupler leur approche avec une méthode d'optimisation de type algorithme génétique afin d'obtenir de meilleurs résultats.

Hashemi et Kargarnovin [117] ont procédé à la localisation des impacts sur une structure en utilisant une fonctionnelle et en recherchant la solution en terme de position en combinant les données initiales à l'aide d'une approche du type algorithme génétique. Ce système itératif donne de bons résultats mais nécessite un très long temps de calcul.

Cette approche ne sera pas utilisée car elle ne permet pas d'obtenir une solution optimale lors de l'identification.

Wu et al. [118] ont identifié la localisation de la force d'impact en comparant la réponse en déformation reconstruite entre plusieurs emplacements potentiels. Choi et Chang [119] ont introduit des capteurs piézoélectriques pour détecter l'histoire de la force d'impact et sa localisation en comparant les sorties des capteurs mesurés et estimés. Deux boucles de processus d'adaptation sont impliquées.

Wang et Chiu [120] et [40] ont fondé leur approche sur une analyse modale théorique ou expérimentale. Concernant la localisation de force l'impact, ils ont utilisés le MAC (Modal Assurance Criterion) qui semble être une piste intéressante. La fonctionnelle (3.4) utilisée impose en revanche de connaître une estimation de la valeur théorique de la mesure.

$$Q_t = \sum_{r=1}^{N_t} \left[a_i(t_r) - \hat{a}_i(t_r) \right]^2$$

$$= \sum_{r=1}^{N_t} \left[\left(\sum_{k=1}^{n} \frac{f_{k,i} f_{k,j} F_j}{\omega_{d_k}} e^{-\xi_k \omega_k t_r} \left[\left(2\xi_k^2 \omega_k^2 - \omega_k^2 \right) \sin \omega_{d_k} t_r - 2\xi_k \omega_k \omega_{d_k} \cos \omega_{d_k} t_r \right] \right) - \hat{a}_i(t_r) \right]^2 \qquad (4.4)$$

Avec $\hat{a}_i(t_r)$ correspondant au signal mesuré et $a_i(t_r)$ au signal estimé théoriquement.

Hu et Fukunaga [121] ont travaillé sur la détermination d'une fonctionnelle obtenue uniquement à partir de données expérimentales issues soit de mesures directes soit de simulations numériques. C'est cette dernière approche qui semble la plus appropriée à notre problème initial. La relation entre les déformations mesurées en un point (x_0, y_0, z_0) et la force appliquée en un point (x_f, y_f, z_f) est mise sous la forme:

$$\{\tilde{\varepsilon}_i\} = \left[G_i(x_f, y_f, x_0, y_0, z_0) \right] \{\tilde{f}\}$$

avec

$$\{\tilde{\varepsilon}_i\} = \left[\varepsilon(0) \quad \varepsilon(\Delta t) \cdots \varepsilon(k\Delta t) \right]^T$$

$$\{\tilde{f}_i\} = \left[f(0) \quad f(\Delta t) \cdots f(k\Delta t) \right]^T$$

i représente le $i^{\text{ème}}$ capteur et $G_i\left(x_f, y_f, x_0, y_0, z_0\right)$ est la fonction de transfert correspondante. Pour déterminer la localisation de la force d'impact, il est proposé de minimiser la fonctionnelle suivante par rapport aux coordonnées du point d'impact x_e et y_e :

$$\min_{x_e, y_e} = \sum_{i=1}^{m} \left\| \frac{G_i\{\tilde{f}_e\} - \{\tilde{\varepsilon}_i\}}{\{\tilde{\varepsilon}_i\}} \right\|^2$$

Une fois la position de l'impact trouvée, il est possible de déterminer l'historique de la force en utilisant la fonctionnelle suivante :

$$F = \min_{x_e, y_e} \sum_{i=1}^{m} \left\| \{\tilde{\varepsilon}_i\} - G_i\{\tilde{f}\} \right\|^2 + \beta \left\| \tilde{f} \right\|^2$$

où β est le paramètre de régularisation et m le nombre de capteurs sur lesquels a été faite l'acquisition.

4.4 Conclusion

Dans cette étude bibliographique, il a été question de présenter les caractéristiques des forces d'impacts à reconstruire : leur évolution temporelle et leur localisation. Les forces ponctuelles et reparties sont deux types de chargements utilisés en dynamique de structures. Des précisions concernant ces deux types de chargements ont été abordées ainsi que leur localisation.

Dans les chapitres de la partie C qui suivent, nous allons tenter d'analyser les problématiques posées dans les conclusions des chapitres 2 et 3.

Partie C

Modélisation et essais numériques

Dans cette partie, nous appliquons l'approche probabiliste bayésienne exposée dans la partie B pour reconstruire les efforts. Une modélisation pratique pour identifier les chargements est abordée. Des simulations sont effectuées dans le cadre de l'échantillonneur de Gibbs en se basant sur un modèle direct.

Chapitre 5:

Application de l'approche bayésienne à l'identification de chargements multiples

5.1 Introduction

Dans le cas d'une structure linéaire subissant un chargement où la réponse de la structure est bruitée, la reconstruction de chargement par les méthodes indirectes est effectuée dans le domaine temporel en utilisant un modèle discret explicite de la structure. Une matrice de transfert Toeplitz représentant ce modèle et contenant les caractéristiques dynamiques de la structure est obtenue par une opération de discrétisation du problème de convolution (équation (2.10) du chapitre 2). La matrice de Toeplitz ainsi obtenue est généralement mal conditionnée. Une régularisation de l'opération de déconvolution est nécessaire afin d'effectuer une estimation adéquate de la solution souhaitée du problème inverse. Il existe deux approches pouvant réaliser cette régularisation de l'opération de déconvolution : approche déterministe et probabiliste bayésienne. Parmi les approches déterministes qui ont été proposées pour l'opération de régularisation, on trouve la décomposition en valeur singulière (SVD) et la décomposition en valeur singulière généralisée (GSVD) de la matrice Toeplitz, ainsi que la régularisation de Tikhonov. Toutes ces techniques (évoquées dans le chapitre 2) permettent de stabiliser l'opération d'inversion [57, 58].

Cependant, à partir de l'analyse de la bibliographie, il nous semble que ces approches déterministes de régularisation visant à identifier plusieurs chargements ont montré des limites : l'identification de plusieurs chargements est souvent peu satisfaisante en raison de la difficulté rencontrée quant à la détermination du paramètre de régularisation. En effet, lorsqu'il s'agit d'identifier plusieurs chargements, les différents critères de sélection du paramètre de régularisation évoqués au chapitre 2 (la courbe en L par exemple) montrent l'existence de plusieurs coins posant ainsi la difficulté à choisir le bon paramètre de régularisation [7]. De ce fait, certains chercheurs ont traité le problème de la reconstruction de chargements par l'approche probabiliste bayésienne

[63, 67]. Les références [63, 69, 122-124] donnent plus de détails sur l'approche bayésienne.

Dans ce chapitre, la reconstruction de chargements multiples (dans le domaine temporel) est particulièrement étudiée à partir d'une perspective bayésienne qui considère toutes les quantités inconnues comme étant des variables aléatoires. Ceci présente plusieurs avantages. D'abord, il confère au chargement inconnu de l'information a priori sous la forme d'une fonction de densité de probabilité, qui impose naturellement une régularisation intrinsèque. Deuxièmement, l'approche bayésienne fournit un cadre probabiliste rigoureux qui tient compte de toutes les sources possibles d'erreurs qui participent à l'incertitude sur le chargement à identifier (bruit de mesure et erreur de modélisation).

Pour réaliser cette étude d'identification, deux approches seront mises en essai. D'abord, nous testerons l'algorithme 1 proposé par Zhang et ses collègues dans [63]. Zhang et ses collègues ont travaillé dans le domaine fréquentiel. Nous travaillerons dans le domaine temporel. Ensuite, nous verrons si la technique CS peut être utilisée pour identifier les efforts au travers de la représentation la plus parcimonieuse dudit effort [125, 102, 126]. Le principe de parcimonie peut être considéré comme étant la faculté d'un signal à être compressible : le signal a une représentation parcimonieuse ou approximativement parcimonieuse lorsque ce signal est exprimé dans une base appropriée qu'il faut déterminer. La parcimonie exprime l'idée que le taux d'information contenu dans un signal continu peut être représenté dans une forme beaucoup plus petite que sa forme originale [102,127].

L'identification de chargements multiples dans le domaine temporel par l'approche bayésienne est notre contribution originale principale. Cette identification sera faite, non seulement, en considérant un modèle de la structure non perturbé, mais aussi dans un contexte de CS tout en considérant une matrice de transfert temporelle perturbée par un petit bruit de type aléatoire. La reconstruction bayésienne de chargements multiples se fera à travers l'échantillonneur de Gibbs qui est une chaîne de Monte Carlo Markov (MCMC).

Le reste du chapitre est organisé comme suit. La section 5.2 présente quelques généralités sur la reconstruction de chargement dans le cadre bayésien. La section 5.3 propose une formulation bayésienne fondée sur la mise en œuvre de la méthode

MCMC pour reconstruire les charges en inversant la matrice de transfert non perturbée. Quant à la section 5.4, elle aborde l'approche bayésienne dans le contexte de CS tout en considérant une matrice de transfert perturbée par un petit bruit de type aléatoire. Pour terminer, la section 5.5 servira à analyser le processus de reconstruction de chargement par l'approche bayésienne et une conclusion est donnée dans la section 5.6.

5.2 Reconstruction de chargements dans un cadre bayésien

Considérons une structure élastique linéaire subissant N_p chargements regroupés dans un vecteur chargement $P \in \mathbb{R}^m$. La réponse de la structure est supposée être mesurée par N_c capteurs situés à des positions connues. En dynamique des structures, la réponse de la structure regroupée dans le vecteur $Y \in \mathbb{R}^k$ est reliée au vecteur chargement P par :

$$HP + \eta = Y \tag{5.1}$$

où

$$HP = Y_{vrai} \tag{5.2}$$

est le problème direct, $H \in \mathbb{R}^{k \times m}$ est la matrice de transfert temporelle entre les points d'application des chargements et les positions des capteurs, $\eta \in \mathbb{R}^k$ est un bruit additif. Dans ces notations $m = N_p \times N_t$ et $k = N_c \times N_t$ où N_t désigne le nombre de points temporels utilisés pour échantillonner le signal mesuré par les capteurs. Dans le reste de ce chapitre, l'accent est mis sur la résolution du problème inverse exprimé par l'équation (5.1) qui consiste à déterminer l'évolution temporelle du vecteur chargement P lorsque la réponse Y de la structure est disponible.

La matrice H à inverser est généralement mal conditionnée. De ce fait, la résolution du système (5.1) par simple inversion peut conduire à une solution instable, oscillante ou divergente. Toute la difficulté va consister à éliminer cette instabilité pour obtenir une solution physiquement acceptable. L'approche bayésienne tenant compte de la propagation et la quantification des erreurs semble être un excellent moyen de régularisation permettant d'obtenir une très bonne estimation de la solution.

En désignant par x le vecteur qui contient les paramètres inconnus (chargement P + bruit η + incertitude sur le modèle), la solution bayésienne de (5.1) est obtenue par la densité de probabilité a postériori de x donnée par la formule de Bayes :

$$\pi(x|D) = \pi(Y|x)\pi(x|J)/\pi(D) \tag{5.3}$$

D est constitué par l'ensemble des données Y et J. L'information J (qui sera explicitée dans le paragraphe 5.3.3) est introduite pour rendre l'information a priori explicite. Les éléments de l'équation (5.3) sont répertoriés comme suit:

$\pi(Y|x)$, fonction de vraisemblance, est la densité de probabilité d'observation des données Y étant donnée le paramètre x

$\pi(x|J)$, loi a priori, reflète notre état de connaissance du paramètre x avant l'observation des données Y mais connaissant J.

$\pi(D) = \int \pi(Y|x)\pi(x|J)dx$, loi marginale, est souvent considérée comme une constante de normalisation. La construction de toutes ces densités de probabilité a été discutée dans le chapitre 3.

La solution bayésienne (5.3) renvoie l'information complète actualisée sur les paramètres intervenant dans l'inférence. L'extraction de l'estimation du chargement P peut se faire en considérant un processus itératif comme la chaîne de Markov Monte Carlo (MCMC) qui sera présenté un peu plus loin.

5.3 Identification de chargement en utilisant un modèle non perturbé

En se plaçant dans le cas d'un seul chargement, nous considérons la réponse de la structure donnée par l'équation (5.1)

$$HP + \eta = Y$$

dans laquelle la matrice de transfert H est mal conditionnée et non perturbée. Nous considérons également que le bruit qui affecte les données est un bruit aléatoire gaussien de moyenne nulle : $\eta \sim N(0, \Gamma_{bruit})$ où $\Gamma_{bruit} = \sigma_\eta^2 I$ est la matrice de covariance avec I la matrice identité.

5.3.1 Position du problème et information a priori

On veut identifier le chargement $P = \{P(i)\}_{i=1,2,\ldots,n_t}$ contenu dans la solution bayésienne (5.3) sachant que la loi a priori est :

$$P \sim N(P_0, \Gamma_{Pr}) \tag{5.4}$$

Il est nécessaire de prendre en compte de l'information a priori sur le chargement afin de régulariser la solution du problème. L'information a priori sur le chargement est préférablement exprimée sous la forme d'une loi normale gaussienne multi-variable de vecteur moyen P_0 (qui en pratique peut être pris comme étant égale au vecteur nul : $P_0 = 0$ [85, 67]) et de matrice de covariance Γ_{Pr} pour faciliter les manipulations mathématiques avec la loi de vraisemblance qui sera définie dans le paragraphe suivant. Hypothèse : Γ_{Pr} est diagonale de termes diagonaux $\sigma_P^2 = \left[\sigma_P^2(1), \sigma_P^2(2), \ldots, \sigma_P^2(n_t) \right]$, c'est-à-dire : $\Gamma_{pr} = \text{diag}(\sigma_P^2)$.

Dans la suite on peut être amené à faire certaines hypothèses supplémentaires sur $\sigma_P^2(i)_{i=1,2,\ldots,n_t}$ comme par exemple :

- Les $\sigma_P^2(i)_{i=1,2,\ldots,n_t}$ sont indépendants.

- Les $\sigma_P^2(i)$ sont constants ou variables au cours du processus itératif MCMC.

En conséquence, comme Γ_{Pr} est diagonale, on a : $P(i) \sim N(P_0(i), \sigma_P^2(i))$. Il faut alors connaître le vecteur moyen P_0 et la matrice de covariance $\Gamma_{pr} = \text{diag}(\sigma_P^2)$ pour effectuer un tirage de P. Ainsi l'information a priori est explicitée comme suit :

$$\pi_{pr}(p) = \pi_{pr}\left(p|p_0, \sigma_P^{-2}(i)\right)$$

$$\propto \exp\left(-\frac{1}{2}(p-p_0)^T \Gamma_{pr}^{-1}(p-p_0)\right) \tag{5.5}$$

$$\propto \exp\left(-\frac{1}{2}(p-p_0)^T \sigma_P^{-2}(i)I(p-p_0)\right)$$

5.3.2 Modélisation des mesures observées

L'équation (5.1) montre que la réponse de la structure constitue une donnée bruitée, c'est-à-dire que la donnée Y_{vrai} est noyée dans du bruit additif η. Ainsi, Au regard de ce qui a été dit dans le chapitre 3 a propos de la construction de la fonction de vraisemblance, nous pouvons modéliser la réponse de la structure au chargement comme suit:

$$\pi(y|p) = \pi_{bruit}(y - Hp)$$

$$= \pi_{bruit}\left(y - Hp|p, \sigma_\eta^{-2}\right)$$

$$= \pi\left(y|p, \sigma_\eta^{-2}\right) \tag{5.6}$$

$$\propto \exp\left(-\frac{1}{2}(y - Hp)^T \Gamma_{bruit}^{-1}(y - Hp)\right)$$

$$\propto \exp\left(-\frac{1}{2\sigma_\eta^2}\|y - Hp\|_2^2\right)$$

5.3.3 Solution bayésienne et algorithme de reconstruction

Dans les relations (5.5) et (5.6), les paramètres $p_0, \sigma_P^2(i)$ et σ_η^2, appelés hyper-paramètres, sont inconnus. Comme énoncé dans le chapitre 3, dans l'inférence bayésienne quand un paramètre est inconnu alors il fait partir du problème d'inférence. Donc les hyper-paramètres $p_0, \sigma_P^2(i)$ et σ_η^2 qui constituent une sorte de paramètres de régularisation font désormais partir de l'inférence. L'inférence portera ainsi sur les paramètres $p, p_0, \sigma_P^2(i)$ et σ_η^2. Tous ces paramètres peuvent être déterminés simultanément à travers un algorithme itératif comme celui de l'échantillonnage de

Gibbs. En outre, ces hyper-paramètres sont les paramètres de la loi a priori et du bruit.
Ils constituent alors une source d'informations a priori [63] : P_0, $\left\{\sigma_P^{-2}(i)\right\}_{i=1,2,...,n_t}$ et
σ_η^{-2} sont des hyper-paramètres qui sont également des variables aléatoires qui suivent
des lois de probabilités connues.

- Hypothèse sur P_0

On suppose que P_0 suit la distribution :

$P_0 \sim N(u_0, C_u)$

où C_u est diagonale de termes diagonaux $\sigma_u^2(i)$ et $\sigma_u^2(i) = \sigma_u^2$

- Hypothèse sur $\sigma_P^2(i)$

On suppose que $\sigma_P^{-2}(i)$ est constant et suit la distribution gamma :

$\sigma_P^{-2}(i) \sim \Gamma(k_P, \beta_P)$

- Hypothèse sur σ_η^{-2}

On suppose que σ_η^{-2} suit la distribution gamma $\sigma_\eta^{-2} \sim \Gamma(k_\eta, \beta_\eta)$

Si nous notons $J = \left\{u_0, \sigma_u^2, k_P, \beta_P, k_\eta, \beta_\eta\right\}$ l'ensemble des paramètres a priori sensé être
connus, alors la densité de probabilité a posteriori s'ecrit :

$$\pi\left(p, p_0, \sigma_P^{-2}(i), \sigma_\eta^{-2} \middle| Y\right) \propto \pi_{bruit}\left(y - Hp \middle| p, \sigma_\eta^{-2}\right) \pi_{pr}\left(p \middle| p_0, \sigma_P^{-2}(i)\right) \pi_{pr}\left(p_0, \sigma_P^{-2}(i), \sigma_\eta^{-2} \middle| J\right) \qquad (5.7)$$

L'équation (5.7) constitue la solution bayésienne de la reconstruction de chargements.
La détermination des paramètres d'inférence $p, p_0, \sigma_P^2(i)$ et σ_η^2 peut être faite à travers
l'algorithme MCMC de Gibbs. Nous allons donc utiliser cet algorithme pour explorer la
densité de probabilité a posteriori (5.7) car toutes les densités conditionnelles sont des
lois usuelles :

- Selon les équations (5.5) et (5.6), la densité de probabilité $\pi(p \middle| Y, p_0, \sigma_P^{-2}, \sigma_\eta^{-2})$
est une loi gaussienne multi-variable,

$$\pi\left(p\,|\,Y,p_0,\sigma_P^{-2},\sigma_\eta^{-2}\right)=\pi\left(y\,|\,p,\sigma_\eta^{-2}\right)\pi_{pr}\left(p\,|\,p_0,\sigma_P^{-2}\right)$$

$$\propto\exp\left(-\frac{1}{2}\left(p-\bar p\right)^T\Gamma_{post}^{-1}\left(p-\bar p\right)\right) \tag{5.8}$$

avec

$$\bar p=\left(\Gamma_{pr}^{-1}+H^T\Gamma_{bruit}^{-1}H\right)^{-1}\left(H^T\Gamma_{bruit}^{-1}y+\Gamma_{pr}^{-1}p_0\right)$$

$$\Gamma_{post}=\left(\Gamma_{pr}^{-1}+H^T\Gamma_{bruit}^{-1}H\right)^{-1}$$

Ainsi, $p\,|\,Y,p_0,\sigma_P^{-2},\sigma_\eta^{-2}$ suit une loi de probabilité gaussienne : $p\,|\,Y,p_0,\sigma_P^{-2},\sigma_\eta^{-2}\sim N\left(\bar p,\Gamma_{post}\right)$

- La loi conditionnelle $p_0\,|\,p,\sigma_P^{-2}$ s'exprime comme suit :

$$\pi\left(p_0\,|\,p,\sigma_P^{-2}\right)\propto\pi\left(p\,|\,p_0,\sigma_P^{-2}\right)\pi\left(p_0\,|\,u_0,\sigma_u^2\right)$$

$$\pi\left(p_0\,|\,p,\sigma_P^{-2}\right)\propto\exp\left(-\frac{(p-p_0)^T\Gamma_{pr}^{-1}(p-p_0)}{2}\right)\exp\left(-\frac{(p_0-u_0)^T\sigma_u^{-2}I(p_0-u_0)}{2}\right) \tag{5.9}$$

Ainsi, $p_0\,|\,p,\sigma_P^{-2}$ est une loi gaussienne : $p_0\,|\,p,\sigma_P^{-2}\sim N\left(\hat u_0,\hat C_u\right)$, avec

$$\hat C_u^{-1}=\Gamma_{pr}^{-1}+\sigma_u^{-2}I$$

$$\hat u_0=\hat C_u\left(\Gamma_{pr}^{-1}p+\sigma_u^{-2}u_0\right)$$

- La loi conditionnelle $\sigma_P^{-2}(i)\,|\,p,p_0$ s'exprime comme suit :

$$\pi\left(\sigma_P^{-2}(i)\,|\,p,p_0\right)\propto\pi\left(p\,|\,p_0,\sigma_P^{-2}\right)\pi\left(\sigma_P^{-2}\,|\,k_p,\beta_p\right)$$

$$\pi\left(\sigma_P^{-2}(i)\,|\,p,p_0\right)\propto\exp\left(-\frac{(p-p_0)^T\Gamma_{pr}^{-1}(p-p_0)}{2}\right)\pi\left(\sigma_P^{-2}\,|\,k_p,\beta_p\right) \tag{5.10}$$

$$\pi\left(\sigma_P^{-2}(i)\,|\,p,p_0\right)\propto\frac{1}{|\Gamma_{pr}|^{1/2}}\exp\left(-\frac{(p-p_0)^T\Gamma_{pr}^{-1}(p-p_0)}{2}\right)\left(\sigma_P^{-2}\right)^{(k_p-1)}\exp\left(-\beta_p\sigma_P^{-2}\right)$$

On en déduit que $\sigma_P^{-2}(i)\,|\,p,p_0$ suit une loi Gamma : $\sigma_P^{-2}(i)\,|\,p,p_0\sim\Gamma\left(\hat k_p,\hat b_p\right)$ où

$$\hat{k}_p = k_p + \frac{n}{2}$$

$$\hat{\beta}_p = \frac{\|p - p_0\|_2^2}{2} + \beta_p$$

- La loi conditionnelle du bruit $\sigma_\eta^{-2}\big|p,y$ s'écrit comme suit :

$$\pi\left(\sigma_\eta^{-2}\big|p,y\right) \propto \pi\left(y\big|p,\sigma_\eta^{-2}\right)\pi\left(\sigma_\eta^{-2}\big|p\right)$$

$$\pi\left(\sigma_\eta^{-2}\big|p,y\right) \propto \pi\left(y - Hp\big|\sigma_\eta^{-2}\right)\pi\left(\sigma_\eta^{-2}\right)$$

$$\pi\left(\sigma_\eta^{-2}\big|p,y\right) \propto \frac{1}{\left|\Gamma_{\text{bruit}}\right|^{1/2}}\exp\left(-\frac{1}{2}(y - Hp)^T \Gamma_{\text{bruit}}^{-1}(y - Hp)\right)\pi\left(\sigma_\eta^{-2}\big|k_\eta,\beta_\eta\right)$$

Or $\pi\left(\sigma_\eta^{-2}\big|k_\eta,\beta_\eta\right) \propto \left(\sigma_\eta^{-2}\right)^{\left(k_\eta - 1\right)}\exp\left(-\beta_\eta\sigma_\eta^{-2}\right)$

Par conséquent

$$\pi\left(\sigma_\eta^{-2}\big|p,y\right) \propto \left(\sigma_\eta^{-2}\right)^{\left(k_\eta - 1\right)}\exp\left\{-\left(\frac{(y - Hp)^T(y - Hp)}{2} + \beta_\eta\right)\sigma_\eta^{-2}\right\} \tag{5.11}$$

On en déduit que $\sigma_\eta^{-2}\big|p,y$ suit une loi Gamma : $\sigma_\eta^{-2}\big|p,y \sim \Gamma\left(\hat{k}_\eta,\hat{\beta}_\eta\right)$ où

$$\hat{k}_\eta = k_\eta + \frac{n}{2}$$

$$\hat{\beta}_\eta = \frac{\|y - Hp\|_2^2}{2} + \beta_\eta$$

L'obtention de ces quatre lois conditionnelles est détaillée dans l'annexe. L'estimation du chargement p ainsi que les paramètres de régularisation p_0, σ_P^2 et σ_η^2 est faite à travers l'échantillonnage de Gibbs décrit par l'algorithme I ci-après.

Algorithme I

Initialiser les paramètres de $J = \left\{u_0, \sigma_u^2, k_P, \beta_P, k_\eta, \beta_\eta\right\}$

- Etape 0 : Tirage de : p_0, σ_P^{-2} et σ_η^{-2} à partir de leurs lois a priori

$$p_0 \sim N\left(u_0, \sigma_u^2 I\right)$$

$$\sigma_P^{-2} \sim \Gamma(k_P, \beta_P)$$

$$\sigma_\eta^{-2} \sim \Gamma\left(k_\eta, \beta_\eta\right)$$

- Etape 1 : Tirage de p

Tirer p selon la distribution :

$$p \mid Y, p_0, \sigma_P^{-2}, \sigma_\eta^{-2} \sim N\left(\bar{p}, \Gamma_{post}\right)$$

- Etape 2 : Mise à jour du bruit σ_η^{-2}

Tirer σ_η^{-2} selon la distribution :

$$\sigma_\eta^{-2} \mid p, y \sim \Gamma\left(\hat{k}_\eta, \hat{\beta}_\eta\right)$$

- Etape 3 : actualisation de p_0

Tirer p_0 selon la distribution :

$$p_0 \mid p, \sigma_P^{-2} \sim N\left(\hat{u}_0, \hat{C}_u\right)$$

- Etape 4 : Mise à jour de σ_P^{-2}

On tire σ_P^{-2} selon la distribution :

$$\sigma_P^{-2} \mid p, p_0 \sim \Gamma\left(\hat{k}_p, \hat{\beta}_p\right)$$

- Etape 5 : Retourner à l'étape 1 jusqu'à ce qu'un grand nombre d'échantillons soit tiré après la phase d'échauffement appelée « burn-in » : l'échantillonnage de Gibbs connait une phase d'échauffement pendant laquelle les échantillons tirés ne convergent pas. Les quelques premières itérations constituent cette phase d'échauffement.

Il est à remarquer que dans Etape 0, les différents tirages sont effectués en choisissant arbitrairement les valeurs de $J = \left\{u_0, \sigma_u^2, k_P, \beta_P, k_\eta, \beta_\eta\right\}$. Par ailleurs, dans les travaux de Zhang [63], il n'a pas été mentionné que les valeurs données arbitrairement aux paramètres de $J = \left\{u_0, \sigma_u^2, k_P, \beta_P, k_\eta, \beta_\eta\right\}$ sont gardées constantes au cours de la boucle ou si elles sont actualisées au fur et à mesure par les estimations qui sont faites de ces paramètres. Il nous semble qu'il vaut mieux travailler d'abord sans les actualiser afin de se faire une idée du résultat. Cela permettra de juger s'il faut les actualiser ou pas. Nous étudierons plus loin l'influence des paramètres de J dans le processus d'identification.

5.4 Compressed sensing (ou acquisition compressée) et Reconstruction de chargement

5.4.1 Compressed sensing (CS)

Le CS est une méthode récente qui permet d'envisager une nouvelle façon de reconstruire les signaux issus d'un chargement. En exploitant le caractère parcimonieux que présentent la plupart des données physiques, elle permet en effet de reconstruire des données avec des fréquences d'échantillonnage inférieures à la limite classique de Shannon. En dynamique des structures, les acquisitions de données font souvent appel à plusieurs capteurs de mesures. Dans les situations où le nombre de capteurs est limité en raison d'un certain nombre de contraintes (notamment le coût des capteurs) et quand le processus de détection fournit un petit nombre de mesures [102], le CS présente donc un intérêt majeur pour aller vers une amélioration considérable des résolutions de problèmes traitant de la reconstruction de chargement. Or, il se trouve que dans de nombreuses situations, le chargement n'est pas directement parcimonieux. Cependant, il est possible dans certains cas de mettre en œuvre un changement de base de sorte que le chargement par rapport à la nouvelle base soit parcimonieux, ou soient approximativement parcimonieuse [85, 86, 128].

Considérons le chargement $P \in \mathbb{R}^n$ dans l'équation (5.1). Il peut exister une base $B \in \mathbb{R}^{n \times n}$ telle que

$$P = Bw_r \tag{5.12}$$

où $w_r \in \mathbb{R}^n$ est dit r-parcimonieux avec $r \prec n$, cela signifie que w_r contient au plus r composantes non nulles, les autres composantes étant nécessairement nulles [83, 85] et B est une matrice de base orthonormée. La plupart des signaux issus d'un chargement sont des signaux lisses : la transformée en ondelettes [127,129] a montrée son efficacité pour engendrer la base B afin d'obtenir une représentation parcimonieuse. Par ailleurs, il convient de signaler que dans la pratique de la reconstruction de chargement, on ne mesure pas explicitement w_r. On mesure $w \in \mathbb{R}^n$ qui est approximativement parcimonieux. La reconstruction du chargement au travers de w serait équivalent à une identification à travers w_r car pour les signaux qui sont lisses, l'erreur $\|w - w_r\|_2$ est très souvent négligeable [86] lorsque $r \ll n$.

Puisque la matrice B est orthogonale (c'est-à-dire que $B^T B = BB^T = I$, B^T étant la matrice transposée de B et I la matrice identité), la relation (5.12) peut être facilement inversée :

$$w = B^T P \tag{5.13}$$

En utilisant l'équation (5.13), l'équation (5.1) devient

$$HBw + \eta = Y \tag{5.14}$$

En outre, il ne faut pas perdre de vue que notre objectif principal est d'utiliser la technique de CS pour la reconstruction de P dans la situation où $N_c \leq N_p$ ou de façon équivalente $k \leq n$. Ainsi, dans les essais numériques ci-après nous allons tenter de reconstruire le chargement non seulement avec moins de capteurs qu'il y a de forces (cas traité au chapitre 5) mais aussi avec une parité entre le nombre de forces et de capteurs (cas traité au chapitre 5 et exclusivement traité au chapitre 6).

Il a été évoqué dans le paragraphe 3.8 du troisième chapitre que la résolution de (5.14) peut être possible, en sous échantillonnage ($N_c \leq N_p$ ou de façon équivalente $k \leq n$), si la matrice HB vérifie la propriété d'isométrie restreinte (*restricted isometry property* (RIP)) [83, 130, 95]. Cette propriété peut être observée dans le cas où la matrice HB est de type aléatoire, une gaussienne par exemple [85, 95].

Dans notre problème inverse de reconstruction de chargement, une matrice aléatoire est observée dans la situation où la matrice de transfert temporelle H est affectée par un terme perturbateur M_p de type aléatoire (on considère ici une gaussienne). Par conséquent, la relation (5.14) devient :

$$\left(H + M_p\right) Bw + \eta = Y \qquad (5.15)$$

ou de façon équivalente :

$$\Phi w + \eta = Y \qquad (5.16)$$

avec $\Phi = \left(H + M_p\right) B \in \mathbb{R}^{k \times n}$.

La question fondamentale qui se pose naturellement au sujet de (5.16) est de savoir combien de mesures Y on doit recueillir afin que celles-ci (mesures Y) soient suffisantes pour récupérer le signal w afin d'identifier le chargement P. En d'autres mots, combien de lignes k faut-il pour reconstruire le chargement P ? Candès et Wakin [102] et Candès et Romberg [126] ont abordés cette question.

Le signal w dans l'équation (5.16) peut être estimé à partir de la mesure bruitée Y en résolvant le problème de minimisation :

$$w = \arg\min_{w} \|w\|_1 \text{ sachant que } \|Y - \Phi w\|_2 < \delta \qquad (5.17)$$

où δ est un paramètre utilisateur, qui peut être difficile à choisir dans la pratique [85]. Le problème régularisé associé au problème (5.17) peut s'écrire :

$$w = \arg\min_{w} \left\{ \|Y - \Phi w\|_2 + \lambda \|w\|_1 \right\} \qquad (5.18)$$

Pour résoudre le problème de minimisation tel que défini par l'équation (5.18), l'approche hiérarchique bayésienne axée sur l'algorithme de Gibbs sera utilisée tout en considérant le terme perturbateur M_p *assez petit* afin que l'erreur de propagation

M_p Bw dans la mesure Y, qui peut raisonnablement être inclue dans le bruit, n'ait pas un impact considérable sur la mesure issue du capteur, c'est-à-dire Y.

5.4.2 Reconstruction bayésienne en utilisant une matrice de transfert perturbée

Ici, on cherche à résoudre par le modèle hiérarchique bayésien axé sur l'algorithme de Gibbs le problème de minimisation tel que défini par l'équation (5.18). Pour y parvenir, nous considérons le modèle bayésien suivant :

$$
\begin{aligned}
y \mid w, \sigma_\eta^2 &\sim N\left(\Phi w, \sigma_\eta^2 I\right) \\
w \mid \sigma_P^2 &\sim N\left(0, \Gamma_{pr}\right) \\
\sigma_P^2(i) \mid k_p, \beta_p &\sim IG\left(k_p, \beta_p\right) \\
\pi\left(\sigma_\eta^2\right) &\propto 1
\end{aligned}
\tag{5.19}
$$

où la loi des observations est modélisée par $y \mid w, \sigma_\eta^2 \sim N\left(\Phi w, \sigma_\eta^2 I\right)$, la loi a priori de w est modélisée par $w \mid \sigma_P^2 \sim N\left(0, \Gamma_{pr}\right)$ avec $\Gamma_{pr} = \mathrm{diag}\left(\sigma_P^2\right)$ car a priori nous savons que w est parcimonieux, les éléments diagonaux de la matrice de covariance a priori Γ_{pr} sont regroupés dans le vecteur $\sigma_P^2 = \left[\sigma_P^2(1), \sigma_P^2(2), \ldots, \sigma_P^2(n_t)\right]$ qui constitue la variance de ladite matrice a priori. Aussi, notons que les $\sigma_P^2(i)$ n'étant pas constants suivent la loi gamma inverse $IG\left(k_p, \beta_p\right)$.

Nous considérons une loi a priori gamma inverse pour σ_P^2 car nous savons que σ_P^2 est parcimonieux et la loi a priori gamma inverse promouvoit le caractère de parcimonie dans l'estimation de σ_P^2, lorsque β_p est petit [85] : ceci est dû au fait que le paramètre d'intérêt w est parcimonie. Du fait que nous ne disposons d'aucune information a priori sur le bruit σ_η^2, il est donc approprié de supposer que sa loi a priori est uniforme : $\pi(\sigma_\eta^2) \propto 1$.

En se basant sur le modèle bayésien de (5.19), nous obtenons les lois conditionnelles usuelles suivantes :

– La loi conjointe a posteriori :

$$\pi\left(w, \sigma_P^2, \sigma_\eta^2 \middle| y, k_P, \beta_P\right) \propto \pi\left(y \middle| w, \sigma_\eta^2\right) \pi\left(w \middle| \sigma_P^2\right) \pi\left(\sigma_P^2 \middle| k_P, \beta_P\right)$$

(5.20)

$$\propto \left(\sigma_\eta^2\right)^{-(k/2)} e^{-\frac{1}{2\sigma_\eta^2}\left(\|y-\Phi w\|_2^2\right)} \left(\prod_{i=1}^n \left(\sigma_P^2(i)\right)^{-(k_P+3/2)} e^{-\frac{1}{\sigma_P^2(i)}\left(\beta_P+\frac{w_i^2}{2}\right)}\right)$$

- La loi a posteriori :

$$\pi\left(w, \middle| y, \sigma_P^2, \sigma_\eta^2, k_P, \beta_P\right) \propto \pi\left(y \middle| w, \sigma_\eta^2\right) \pi\left(w \middle| \sigma_P^2\right)$$

$$\propto e^{-\frac{1}{2}(w-\mu)^T \Sigma^{-1}(w-\mu)}$$

où

$$\Sigma = \left(\left(\sigma_\eta^2\right)^{-1} \Phi^T \Phi + \Gamma_{pr}^{-1}\right)^{-1} \text{ et } \mu = \left(\sigma_\eta^2\right)^{-1} \Sigma \Phi^T y$$

Ainsi on a :

$$w, \middle| y, \sigma_P^2, \sigma_\eta^2, k_P, \beta_P \sim N(\mu, \Sigma)$$

(5.21)

- La loi de mise à jour du bruit :

$$\sigma_\eta^2 \middle| y, w, k_P, \beta_P \sim IG\left(\frac{k}{2}-1, \frac{\|y-\Phi w\|_2^2}{2}\right)$$

(5.22)

94

- La loi d'actualisation de la variance :

$$\sigma_P^2(i)\Big|\, y, w, k_P, \beta_P \sim IG\left(k_P + \frac{1}{2}, \beta_P + \frac{w_i^2}{2}\right)$$ (5.23)

En utilisant les relations (5.21), (5.22) et (5.23) nous pouvons engendrer l'algorithme d'échantillonnage de Gibbs, que nous appelons Algorithme II, lequel algorithme est défini ci-dessus.

Algorithme II

- Etape 0 : Initialisation du paramètre w.

Dans la $t^{\text{ième}}$ itération, nous effectuons les étapes suivantes :

- Etape 1 : Tirage de $\left(\sigma_P^2(i)\right)^t$

Tirer $\sigma_P^2(i)$ selon la distribution :

$$\left(\sigma_P^2(i)\right)^t\Big|\, y, w^{(t-1)}, k_P, \beta_P \sim IG\left(k_P + \frac{1}{2}, \beta_P + \frac{\left(w_i^{(t-1)}\right)^2}{2}\right), \text{ avec } i = 1, 2, \ldots, n$$

- Etape 2 : Mise à jour du bruit $\left(\sigma_\eta^2\right)^t$

Tirer $\left(\sigma_\eta^2\right)^t$ selon la distribution :

$$\left(\sigma_\eta^2\right)^t\Big|\, y, w^{(t-1)}, k_P, \beta_P \sim IG\left(\frac{k}{2} - 1, \frac{\left\|y - \Phi w^{(t-1)}\right\|_2^2}{2}\right)$$

- Etape 3 : Actualisation de w

Tirer w selon la distribution : $w^t\Big|\, y, \left(\sigma_P^2\right)^t, \left(\sigma_\eta^2\right)^t, k_P, \beta_P \sim N\left(\mu^t, \Sigma^t\right)$

où

$$\Sigma^t = \left(\left(\left(\sigma_\eta^2 \right)^{-1} \right)^t \Phi^T \Phi + \left(\Gamma_{pr}^{-1} \right)^t \right)^{-1} \text{ et } \mu = \left(\left(\sigma_\eta^2 \right)^{-1} \right)^t \Sigma^t \Phi^T y$$

- Etape 4 : Retourner à l'étape 1 jusqu'à ce qu'un grand nombre d'échantillons soit tiré après la phase d'échauffement appelée ''burn-in''.

L'application de l'algorithme II permet d'apprécier la qualité de la reconstruction et d'estimer les paramètres de régularisation : σ_P^2 et σ_η^2. La reconstruction du chargement P peut se faire soit par (5.12) ou en remarquant que, puisque w est tiré d'une distribution gaussienne multi-variée de moyenne μ et de matrice de covariance Σ, la fonction de densité a posteriori de P est également une distribution gaussienne multi-variée de moyenne $\overline{\mu}$ et de matrice de covariance $\overline{\Sigma}$ définies comme suit:

$$\overline{\Sigma} = B\Sigma B^T \text{ et } \overline{\mu} = B\mu \tag{5.24}$$

5.5 Analyse du processus de reconstruction de chargement

Les objectifs de cette section sont à deux volets : illustrer d'une part, la méthode probabiliste bayésienne de reconstruction du chargement et la capacité de cette méthode bayésienne à reconstruire une action nulle et, d'autre part, de mettre en lumière les éventuelles difficultés rencontrées. Ces objectifs ne seront être illustrés qu'en testant les algorithmes I et II précédemment décrits. Dans un premier temps, nous allons présenter le cas test. Puis, nous aborderons le processus de régularisation par l'approche bayésienne. Dans ce processus de régularisation, deux cas seront étudiés : nous allons, d'abord, reconstruire un seul chargement pour ensuite aborder l'identification de deux chargements où l'un des efforts est une action non nulle (ANN) tandis que l'autre action est identiquement nulle (AIN). En outre, un bilan global sera fait afin de faire le point sur le processus de reconstruction avant de conclure.

Cette méthode bayésienne sera appliquée pour tester la difficulté à reconstruire des forces plus ou moins lisses. On va donc s'intéresser à différentes forces et voir l'influence de certaines caractéristiques sur la capacité à les reconstruire. On testera donc l'influence de la durée du chargement par rapport à la durée de la mesure :

typiquement, une force d'impact s'applique durant un intervalle de temps court, alors que des sollicitations ambiantes (vibrations ambiantes, bruit, etc...) vont s'appliquer en permanence. De même, dans le cas d'une force d'impact, on peut avoir des variations très rapides (voire une discontinuité) de pente qui peut être difficile à retrouver. En particulier il sera intéressant de voir s'il n'est pas utile d'inclure des zéros en début de signal : l'objectif étant de voir si cela permet d'améliorer la reconstruction du début de la force, ce qui est susceptible d'aider la reconstruction de forces d'impact.

La méthode bayesienne repose sur une mesure indirecte qui va dépendre des moyens de mesure dont on dispose. Hillary [131] semble suggérer que les déformations sont les mesures qui conduisent aux meilleurs résultats. Afin d'évaluer la sensibilité à la nature de la mesure utilisée, on utilisera des réponses en déplacement et en déformation.

Les essais réalisés dans cette section sont purement numériques et seront appliqués sur une poutre simplement appuyée qui est présentée sur la figure 5.1 ci-dessous.

5.5.1 Présentation du cas test

5.5.1.1 Système étudié

Bien que la méthode puisse être appliquée à toute structure linéaire élastique pour laquelle la matrice de transfert $H \in \mathbb{R}^{k \times n}$ dans l'équation (5.1) peut être explicitée, l'approche bayésienne axée sur les deux algorithmes précédemment décrits sera testée sur une poutre plane chargée de façon orthogonale sur sa fibre moyenne, dans son plan de symétrie. La figure 5.1 représente la poutre étudiée, qui est supposée être constituée d'un matériau élastique linéaire homogène et présentant une section transversale rectangulaire uniforme.

Longueur L (m)	Largeur w (m)	Epaisseur h (m)	E (Pa)	ρ $\left(kg.m^{-3}\right)$	Amortissement modal ξ_n
1	5.10^{-3}	5.10^{-3}	7.06×10^{10}	2660	5.10^{-3}

Tableau 5.1 : Caractéristiques de la poutre

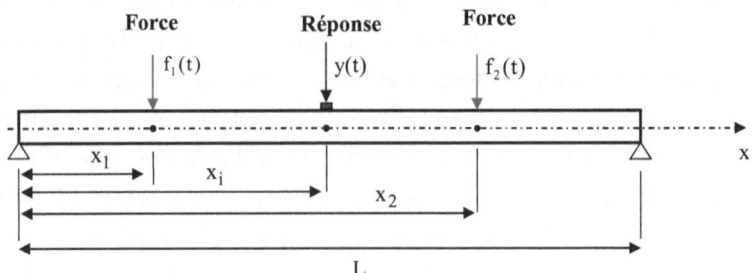

Figure 5.1 : poutre simplement appuyée

Les caractéristiques géométriques et les propriétés de la poutre sont indiquées dans le tableau 5.1 ci-dessous. La force $f_1(t)$ est appliquée en $x = x_1 = L/3$, la force nulle $f_2(t)$ est appliquée en $x = x_2 = 2L/3$ et la réponse $y(t)$ est mesurée en $x = x_i = L/2$.

Trois types de force sont utilisés. Les deux premiers sont des forces d'impact : ils sont donc caractérisés par une "durée d'impact", c'est-à-dire une durée durant laquelle on a l'essentiel du chargement et qui est (très) inférieure à la durée durant laquelle on effectue nos mesures ; le troisième type est un signal sinusoïdal décroissant. L'objectif est de voir si la détection du début et de la fin de l'impact est bien détectée ou s'il est plus facile de reconstruire un signal qui n'est pas transitoire. De même une force d'impact étant souvent caractérisée par une force qui augmente très vite dès le début, on étudiera l'influence de la pente initiale sur la qualité de la reconstruction.

Enfin, pour chaque type de force on a étudié l'influence de la position du début du signal. Ainsi, pour chaque type, on étudie le cas d'une force qui est appliquée dès le début et le cas où la même force est appliquée avec un certain délai : ceci est obtenu en imposant à la force d'être identiquement nulle pendant une certaine durée. En effet, il semble a priori plus facile de reconstruire un signal qui part de zéro en imposant ce délai afin de donner un poids important à la valeur initiale de la force.

Les différents types de forces et cas sont répertoriés comme suit :

1. Type 1 : $f(t) = f_0 t^\alpha e^{-\beta t}$

 Les quatre cas suivants seront testés :

- Cas C1T1 : la force d'impact a une pente qui est considérée comme n'étant pas très raide. Elle est représentée sur la figure 5.2a.

- Cas C2T1 : des zéros sont ajoutés avant le début du signal force du cas C1T1 (voir figure 5.2b).

- Cas C3T1 : la force d'impact a une croissance en début du signal beaucoup plus rapide que le Cas C1T1 (voir figure 5.2c).

- Cas C4T1 : des zéros sont ajoutés avant le début du signal force du cas C3T1 (voir figure 5.2d).

Les paramètres utilisés dans ces différents cas sont :

- Cas C1T1 et Cas C2T1 : $\quad f_0 = 2.10^{15}$ N/s^6 , $\alpha=6, \beta = 300$ s^{-1}

- Cas C3T1 et Cas C4T1 : $\quad f_0 = 3.10^5$ N/s^6 , $\alpha=1, \beta = 300$ s^{-1}

2. Type 2 : $f(t) = \begin{cases} f_0 \sin\left(\omega\left(t-t_0\right)\right) & \text{si } t-t_0 \leq \dfrac{\pi}{\omega} \\ 0 \text{ si } t-t_0 \succ \dfrac{\pi}{\omega} \end{cases}$ avec $f_0 = 250$ N , $\omega = 120$ rad/s .

- Cas C1T2 : la force d'impact est appliquée en $t=0\,(t_0=0)$ comme indiqué à la figure 5.3a

- Cas C2T2 : des zéros sont ajoutés avant le début du signal force du cas C1T2 (voir figure 5.3b).

Type 3 : $f(t) = f_0 e^{-\beta t} \sin\left(\omega t\right)$ avec $f_0 = 400$ N, $\beta = 60$ s^{-1} et $\omega = 350$ rad/s

- Cas C1T3 : la force harmonique exponentiellement décroissante est appliquée en $t=0$ (voir figure 5.4a)

- Cas C2T3 : des zéros sont ajoutés avant le début du signal force du cas C1T3 (voir figure 5.4b)

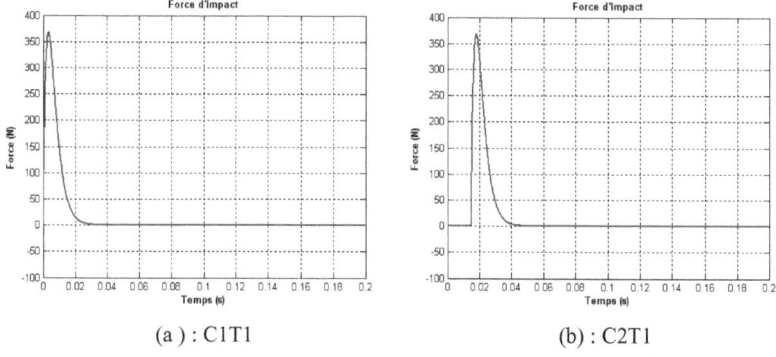

(a) : C1T1 (b) : C2T1

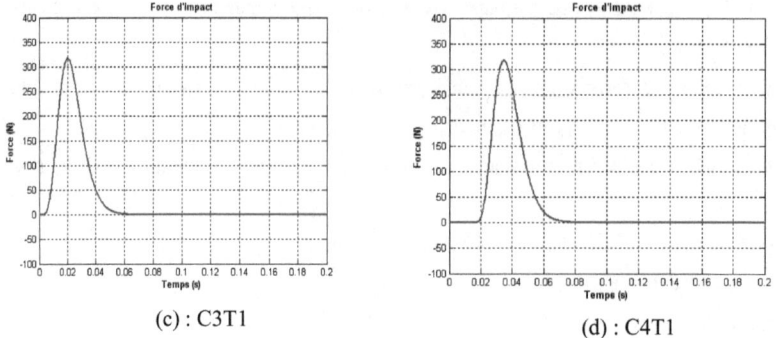

(c) : C3T1

(d) : C4T1

Figure 5.2 : force d'impact du type 1

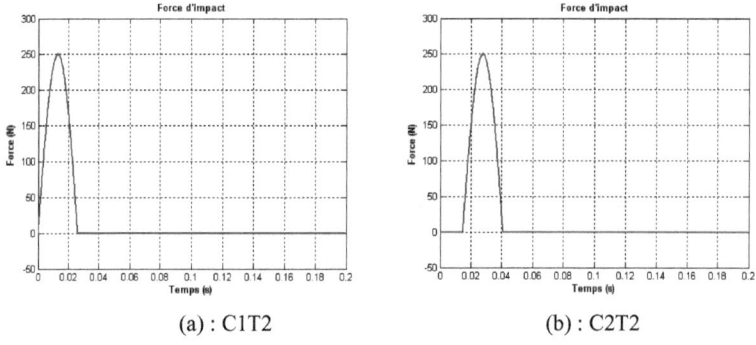

(a) : C1T2

(b) : C2T2

Figure 5.3 : force d'impact du type 2

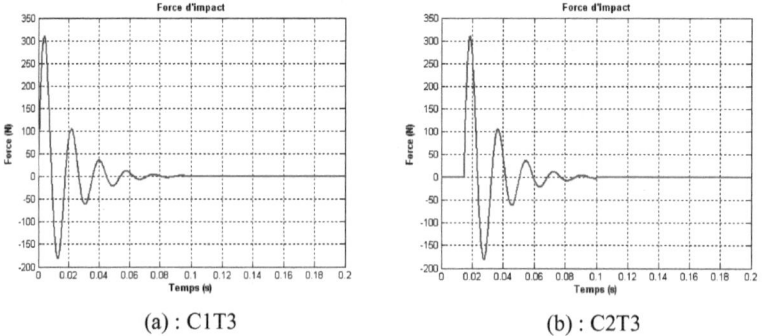

(a) : C1T3

(b) : C2T3

Figure 5.4: Force du type 3

5.5.1.2 Fonction de transfert analytique d'une poutre

Une étape importante concerne l'identification des propriétés de la poutre à travers sa fonction de transfert. En l'occurrence, compte-tenu des conditions aux limites de la poutre, il existe une formulation analytique de la fonction de transfert en déplacement (appelée également réponse impulsionnelle). C'est le déplacement w en $x = x_m$ de la poutre appuyée-appuyée soumise à une force $f(t) = \delta(t)\delta(x-x_j)$ (δ représente la fonction généralisée de Dirac) agissant en $x = x_j$. Le déplacement w est donné par la relation suivante :

$$w(t, x_m, x_j) = \sum_{n=1}^{N_{modes}} \frac{\varphi_n(x_m)\varphi_n(x_j)e^{-\xi_n\omega_n t}\sin(\omega_{dn}t)}{m_n\omega_{dn}} \tag{5.26}$$

avec

$$\omega_n = \frac{n\pi^2}{L^2}\sqrt{\frac{EI}{\rho S}} \; , \; n = 1, 2, \ldots$$

$$m_n = \int_0^L \rho S (\varphi_n(x))^2 \, dx$$

où I est le moment quadratique d'inertie et S l'aire de la section droite de la poutre,

$$\omega_{dn} = w_n\sqrt{1-\xi_n^2}$$

$$\varphi_n(x) = \sin\left(\frac{n\pi x}{L}\right)$$

Comme mentionné précédemment, on cherche à évaluer l'efficacité des signaux mesurés. Ainsi deux signaux de nature différente sont utilisés : un déplacement et une déformation. On en déduit les fonctions de transfert correspondantes entre le point d'abscisse $x = x_m$ où sont effectuées les mesures et le point d'abscisse $x = x_{j\{j=1 \text{ ou } 2\}}$ où est appliquée la force :

- fonction de transfert en déplacement (donnée par l'expression (5.26)) :

$$h_{dep}\left(t, x_m, x_j\right) = \sum_{n=1}^{N_{modes}} \frac{\varphi_n\left(x_m\right)\varphi_n\left(x_j\right)e^{-\xi_n\omega_n t}\sin\left(\omega_{dn}t\right)}{m_n\omega_{dn}}$$

- fonction de transfert en déformation (sur la fibre supérieure) :

$$h_{def}\left(t, x_m, x_j\right) = \sum_{n=1}^{N_{modes}} -\frac{h}{2}\frac{d^2\varphi_n\left(x_m\right)}{dx^2} \frac{\varphi_n\left(x_j\right)e^{-\xi_n\omega_n t}\sin\left(\omega_{dn}t\right)}{m_n\omega_{dn}}$$

En pratique on a retenu un nombre fini de modes (5 modes).

5.5.1.3 Reconstruction de la force

Dans le cas d'une seule force à identifier, on cherche donc à déterminer la force $f(t)$ connaissant la réponse $y(t)$ et la fonction de transfert h_{mj} entre le point d'abscisse $x = x_j$ où est appliquée la charge et le point d'abscisse $x = x_m$ où est effectuée la mesure de la réponse. On se doit donc de déterminer la solution du problème de convolution suivant :

$$y(t) = h_{mj}(t) * f(t)$$

Ce qui se traduit par l'équation matricielle :

$$[Y] = \left[H_{mj}\right][F]$$

où les éléments des vecteurs $[Y]$, $[F]$ et de la matrice $\left[H_{mj}\right]$ sont :

$$Y_i = y\left(i\Delta t\right)$$
$$F_i = f\left((i-1)\Delta t\right)$$
$$H_{mj}(i, \ell) = \begin{cases} h_{mj}\left(\ell - i + 1\right)\Delta t & \text{si } \ell \geq i \\ 0 & \text{sinon} \end{cases}$$

Il s'agit de reconstruire les forces représentées sur les figures 5.2 à 5.4 à partir d'une réponse perturbée. Le bruit utilisé est gaussien de moyenne nulle et de variance proportionnelle à l'amplitude maximale de la réponse. Les simulations se déroulent en trois phases :

- Calcul direct : calcul de réponses en certains points de la structure connaissant les différentes fonctions de transferts et la force d'impact appliquée.

- Signaux bruités : du bruit est ajouté aux signaux mesurés.

- Calcul inverse : par l'approche bayésienne, on reconstruit le chargement à partir du signal bruité.

Pour valider la qualité de la reconstruction de l'ANN, une erreur relative entre la force exacte (originale) et la force reconstruite a été utilisée :

$$E_{re}(\%) = 100 \times \frac{\left\| F_{orignale} - F_{reconstruite} \right\|_2}{\left\| F_{orignale} \right\|_2}.$$

Pour la force nulle, on évaluera simplement l'erreur comme suit :

$$E_{re}(\%) = 100 \times \frac{\left\| AIN^{reconstruite} \right\|_2}{\left\| ANN \right\|_2}, \quad \text{où } AIN^{reconstruite} \text{ et ANN sont respectivement les}$$

actions identiquement nulle et non nulle

L'organigramme de la Figure 5.5 ci-après met en évidence la résolution du problème inverse par l'approche bayésienne.

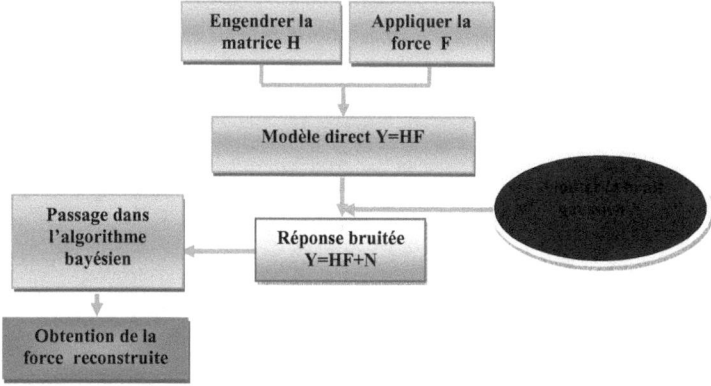

Figure 5.5: Méthode d'identification du chargement par analyse bayésienne

Dans les paragraphes qui suivent, l'approche bayésienne sera utilisée pour reconstruire la force d'impact.

5.5.2 Régularisation via l'approche bayésienne

Dans ce chapitre, sauf précision, la reconstruction de force se fera sur l'intervalle [0 0.1] s, avec 128 points pour un pas $\Delta t = 7.81 \times 10^{-4}$ s, le bruit utilisé est gaussien. Nous utiliserons 10 500 itérations dans le cas de la reconstruction de f_1 seule et dans le cas de la reconstruction de f_1 et f_2.

L'approche bayésienne n'étant pas une approche déterministe, alors, après la phase d'échauffement des algorithmes utilisés, nous considérons la moyenne des réalisations pour identifier le chargement et ceci sera toujours le cas dans les chapitres de cette partie C.

5.5.2.1 Reconstruction de force de type C1T1 et C2T1

Ici, nous considérons que la structure est chargée par la seule force f_1. Les forces de type C1T1 et C2T1 que prendra f_1 seront donc identifiées en considérant les deux algorithmes précédemment décrits. Le but est d'étudier la limite de ces algorithmes dans l'identification du chargement. Toutes les forces reconstruites dans cette sous section ont été obtenues en considérant que la mesure de la déformation de la structure.

➢   Analyse du processus d'identification de la force par l'algorithme I

•   Cas de la non-actualisation des paramètres $J = \left\{ u_0, \sigma_u^2, k_P, \beta_P, k_\eta, \beta_\eta \right\}$

Les figures 5.5 à 5.7 représentent la force f_1 reconstruite dans les cas C1T1 et C2T1. Nous avons testé trois niveaux de bruit en prenant respectivement comme variances du bruit 0.01%, 0.1% et 1% de l'amplitude maximale de la réponse du modèle direct (équation (5.2)).

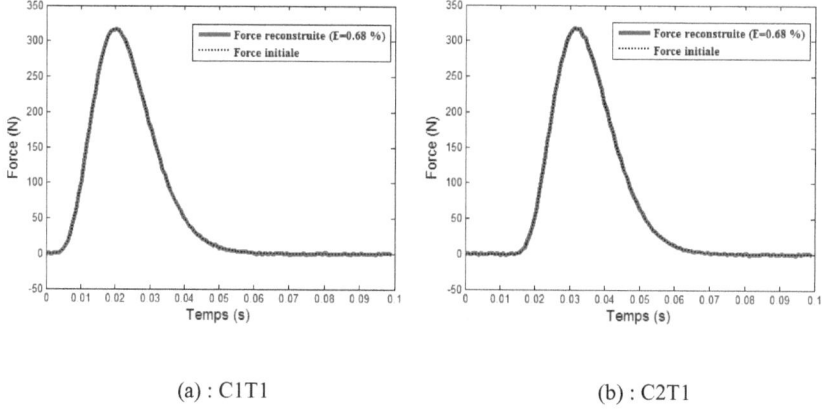

(a) : C1T1   (b) : C2T1

Figure 5.5 : forces C1T1 et C2T1 reconstruites (trait continu) superposées à la force
initiale (trait discontinu) avec un niveau de bruit de 0.01%

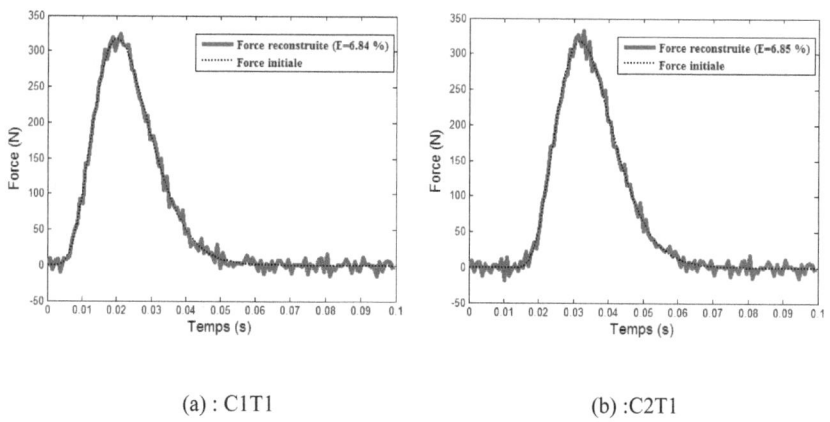

(a) : C1T1   (b) :C2T1

Figure 5.6 : forces C1T1 et C2T1 reconstruites (trait continu) superposées à la force
initiale (trait discontinu) avec un niveau de bruit de 0.1%

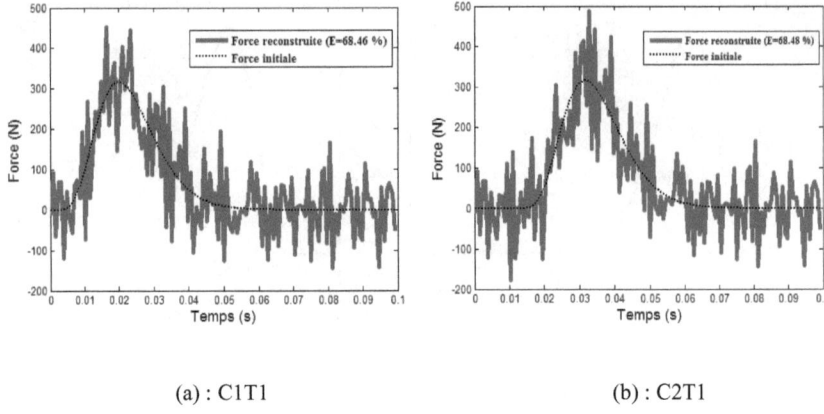

(a) : C1T1   (b) : C2T1

Figure 5.7 : forces C1T1 et C2T1 reconstruites (trait continu) superposées à la force
initiale (trait discontinu) avec un niveau de bruit de 1%

Parmi ces résultats, seuls ceux de la figure 5.5 sont excellents même si ceux de la figure
5.6, affectés par des oscillations parasites, sont acceptables. En effet, sur ces deux
figures, on constate que le début du signal, son amplitude, sa forme ainsi que la durée de
l'impact sont bien estimés. On y observe également une bonne superposition des forces
reconstruites et de la force initiale. En outre, l'ajout de zéros n'a pas vraiment contribué
à améliorer la reconstruction : pour une figure donnée, tous les écarts sont quasiment
pareils (par exemple, en figure 5.6 on a 6.84 % pour C1T1 et 6.85 % pour C2T1). Le
processus de régularisation est donc satisfaisant dans les deux premières figures. Cela
peut s'expliquer par le fait qu'il y a eu une bonne estimation des paramètres de
régularisation σ_η^{-2}, σ_P^{-2} et P_0 . En effet, par leurs estimations (paramètres de
régularisation) de façon itérative, ces paramètres sont sensés améliorer la qualité de la
reconstruction afin d'obtenir un résultat proche de la grandeur recherchée. Par ailleurs,
si les deux premières figures présentent des résultats satisfaisants, cela n'est pas le cas
pour la figure 5.7 : on a des écarts de l'ordre de 68 % et une présence d'oscillations
parasites de fortes amplitudes qui dominent les forces identifiées.

- Cas de l'actualisation des paramètres $J = \left\{ u_0, \sigma_u^2, k_P, \beta_P, k_\eta, \beta_\eta \right\}$

Un constat assez différent des résultats précédent est fait sur les résultats donnés par la mise à jour de tous les paramètres de J. En effet, si le début du signal, sa forme, la durée de l'impact sont bien estimés, cela n'est pas le cas pour l'amplitude : on a constaté au cours du processus d'itération que l'amplitude augmente de façon exponentielle. Les figures 5.8 (a) à 5.8 (d) illustrent ce fait.

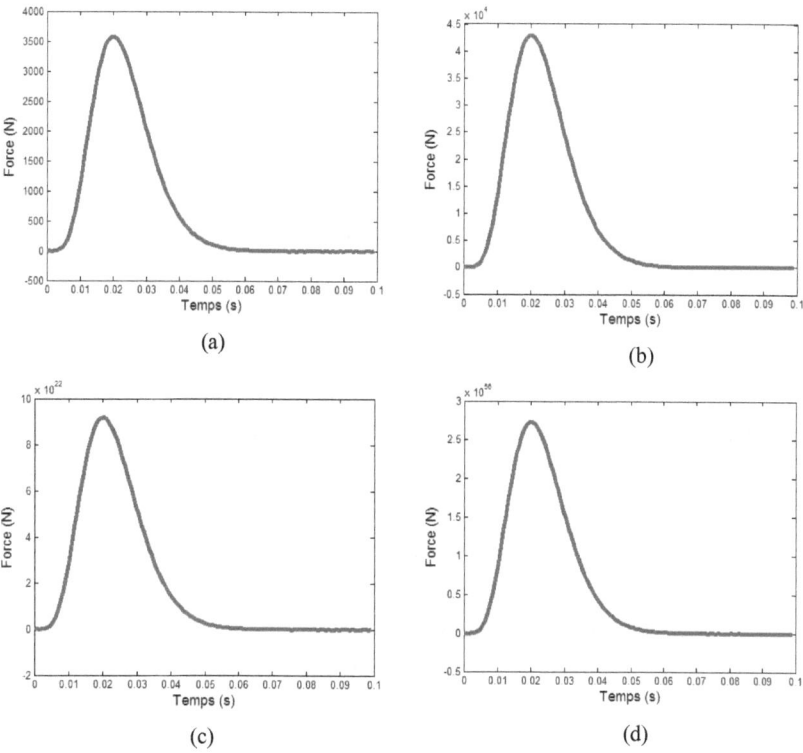

(a)

(b)

(c)

(d)

Figure 5.8 : Force C1T1 reconstruite avec la mise à jour des paramètres de J

Les trois niveaux de bruit précédemment utilisés ont été considérés et le constat est resté le même dans chacun de ces niveaux de bruit. Ainsi, cette variation très rapide de l'amplitude fait que la reconstruction devient impossible au bout de l'itération si tous les paramètres de J sont mis à jour. Cette instabilité rapide d'amplitude pourrait certainement provenir de la mise à jour d'une partie des paramètres de J. Dans ce deuxième essai, nous n'avons pas voulu illustrer les résultats du cas C2T1 car nous obtenons pratiquement le même résultat que le cas C1T1 de la figure 5.8.

- Cas de l'actualisation partielle des paramètres $J = \left\{ u_0, \sigma_u^2, k_P, \beta_P, k_\eta, \beta_\eta \right\}$

Pour se faire une idée de l'origine de cette instabilité d'amplitude, nous avons considéré un troisième essai dans lequel nous avons effectué conjointement une mise à jour des paramètres $\left\{ k_P, \beta_P, k_\eta, \beta_\eta \right\}$ et une non-actualisation de l'ensemble $\left\{ u_0, C_u \right\}$. Les niveaux de bruit utilisés sont les mêmes que dans les deux cas précédents. Ce troisième test a donné quasiment les mêmes résultats que ceux obtenus dans le premier essai (figures 5.5 à 5.7). Aussi, il est à noter qu'aucune instabilité de l'amplitude n'a été observée au cours du processus itératif.

➤ Analyse du processus d'identification de la force par l'algorithme II

Face aux résultats de la figure 5.7, nous avons cherché à comprendre si l'algorithme II engendrerait aussi une estimation similaire. Nous avons alors utilisé des niveaux de bruit dont les variances sont, respectivement, égales à 1 % (figures 5.9 (a) et (b)) et 2 % (figures 5.9 (c) et (d)) de l'amplitude maximale de la réponse. Les résultats de cet essai sont visibles à la figure 5.9. Ils sont globalement excellents même si on constate des oscillations parasites de très faibles amplitudes.

Notons également que l'ajout de zéros en début de signal (cas C2T1) a contribué à améliorer l'identification de la force. La reconstruction est donc très bonne dans le cas C1T1.

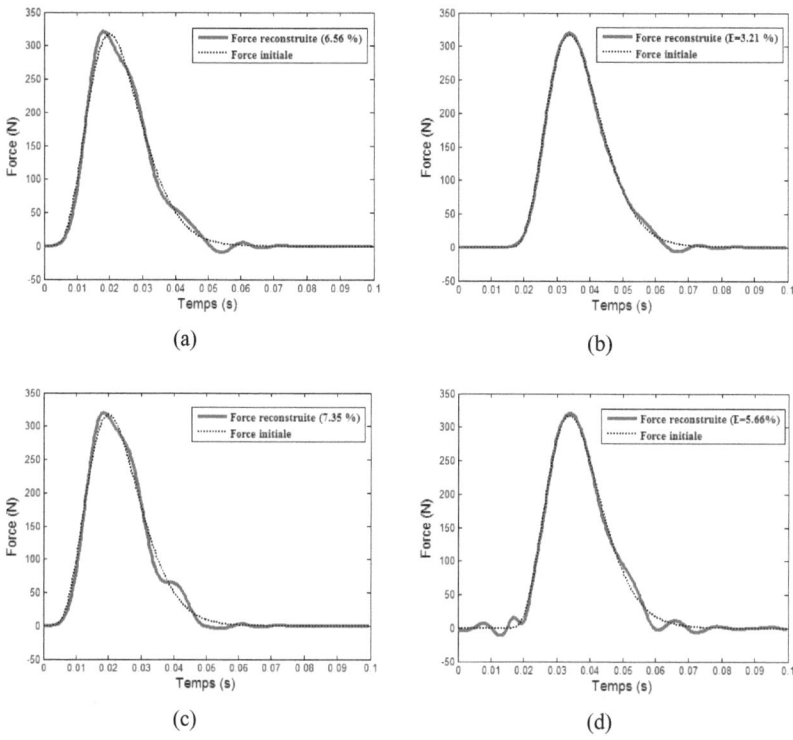

Figure 5.9 : forces C1T1 et C2T1 reconstruites (trait continu) superposées à la force
initiale (trait discontinu)

• Influence de la position du point d'impact sur la qualité de la reconstruction

La force $f_1(t)$ initialement appliquée en $x = x_1 = L/3$, nous déplaçons légèrement le
point d'application de cette force afin de constater l'influence de la position du point
d'impact sur la qualité de la reconstruction. La force $f_1(t)$ est ainsi appliquée en
$x = x_\ell = L/4$. Les variances des niveaux de bruit utilisés sont, respectivement, 1 %
(figures 5.9 bis (a) et (b)), 2 % (figures 5.9bis (c) et (d)) et 3 % (figures 5.9bis (e) et (f))
de l'amplitude maximale de la réponse.

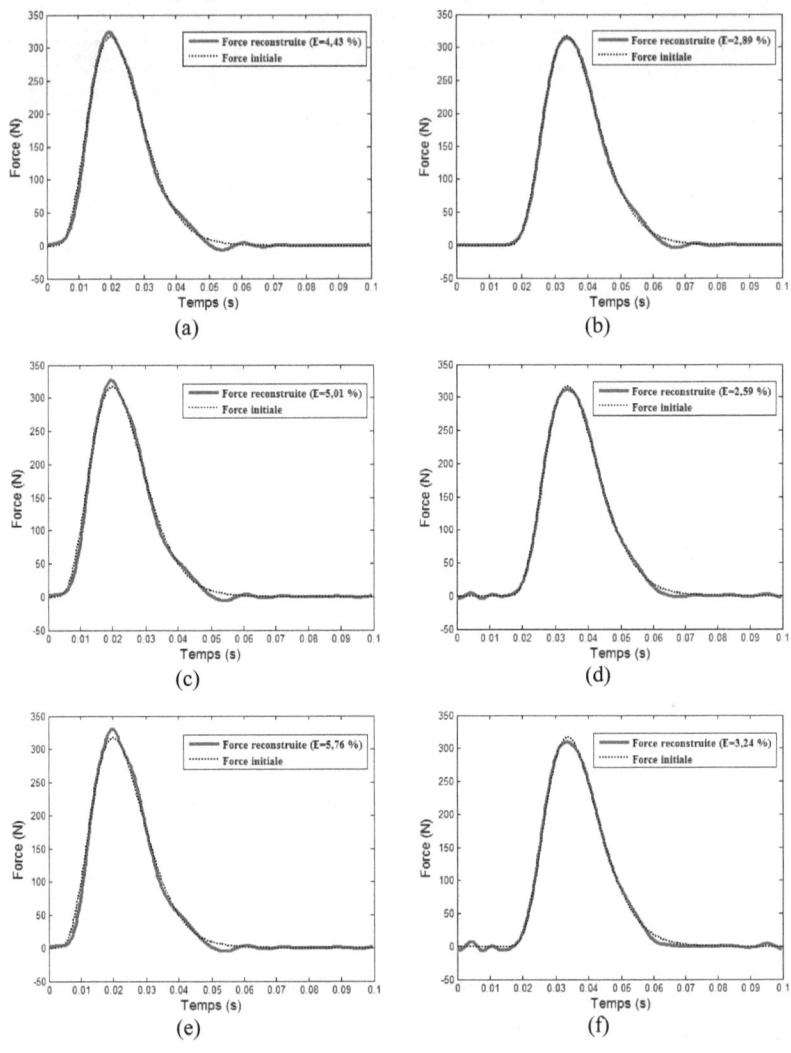

Figure 5.9 bis : forces C1T1 et C2T1 reconstruites (trait continu) et initiale (trait
discontinu)

Ces résultats obtenus en considérant l'algorithme II, montrent l'influence du point
d'impact sur la qualité de la reconstruction : en s'éloignant légèrement du point de

mesure, l'estimation du chargement s'améliore fortement, même avec un niveau de bruit allant jusqu'à 3% de l'amplitude maximale de la réponse.

- **Reconstruction de deux forces avec un seul capteur de mesure**

Ici, il s'agit de reconstruire par l'algorithme II les forces f_1 appliquée en $x = x_1 = L/3$ et f_2 appliquée en $x = x_2 = 2L/3$ et où f_1 est non nulle et f_2 est nulle en n'utilisant qu'un seul capteur de mesure. L'objectif est de constater si la reconstruction via la technique de CS avec moins de capteurs qu'il y a de forces est possible. Les résultats obtenus sont illustrés sur la figure 5.10 (a) et (b) ci-après.

L'identification est très loin d'être satisfaisante. En effet, pour un niveau de bruit dont la variance est égale à 1 % de l'amplitude maximale de la réponse, non seulement les signaux reconstruits sont très loin du signal initial mais aussi la force nulle n'est pas identifiée. Ceci dit, on constate tout de même que la force nulle semble être bien identifiée dans un premier temps pour ensuite connaître des oscillations de très fortes amplitudes même si celles-ci s'atténuent avec le temps. Il est difficile de dire que cette force est nulle car elle ressemble à la force non nulle.

Cette mauvaise reconstruction peut avoir plusieurs origines, notamment les positions des impacts et le fait que la matrice de transfert, bien qu'elle soit une gaussienne, ne vérifie pas « suffisammenté » la propriété d'isométrie restreinte. Il a été montré dans [83, 85, 95] que la reconstruction du chargement s'avère très satisfaisante si cette propriété d'isométrie restreinte est vérifiée par notre matrice de transfert.

Par ailleurs, en déplaçant très légèrement la position où l'impact f_2 a eu lieu, c'est-à-dire en $x = x_2 = (2.1 \times L)/3$, cela contribue à l'amélioration de la qualité de l'identification figure 5.10 (c) et (d).

Ces résultats montrent ainsi que l'identification avec moins de capteurs qu'il y a de forces est très loin d'être satisfaisante si la matrice de transfert ne vérifie pas ''suffisamment'' la propriété d'isométrie restreinte même si la position des impacts à une influence sur la qualité de la reconstruction : cette propriété d'isométrie restreinte rendrait donc le processus d'identification robuste et stable.

Au travers de ces résultats, l'idée d'une reconstruction avec moins de capteurs qu'il y'a de forces est très encourageante et mérite d'être approfondie. C'est une piste à creuser davantage afin de réussir une identification dans cette optique.

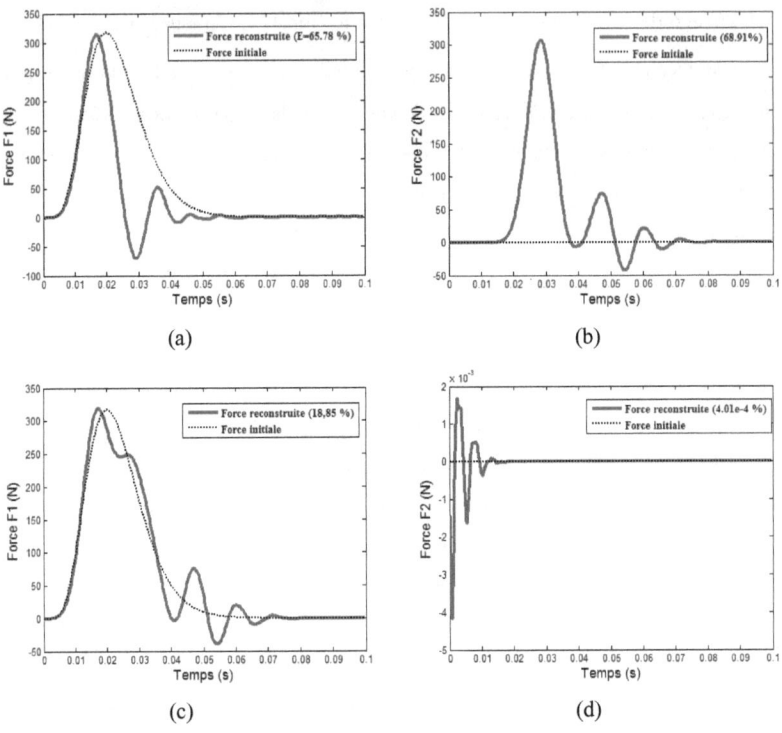

(a) (b)

(c) (d)

Figure 5.10 : forces reconstruites (trait continu) et initiale (trait discontinu)

5.5.2.2 Reconstruction de tous les types de force : cas de deux forces

Dans cette sous-section, il s'agit de reconstruire, par l'algorithme II, les forces f_1 et f_2 où f_1 est non nulle et f_2 est nulle en utilisant deux capteurs de mesures, le deuxième capteur est fixé à la position $x = x_c = L/4$. Les cas des figures 5.2 à 5.4 sont toujours considérés. Nous avons utilisé un niveau de bruit égal à 3 % de l'amplitude maximale de la réponse.

A la différence des simulations précédentes, nous utiliserons 512 points temporels et 2000 itérations : l'objectif est de savoir si on a de bons résultats avec peu d'itérations (de l'ordre de mille), ce qui permettra d'apprécier l'efficacité (rapidité et obtention d'excellents résultats) de l'algorithme II et de constater l'influence du nombre de points temporels.

- Reconstruction de la force du premier type

Les différents cas étudiés	Ecarts de la force f_1 (%)	Ecarts de la force f_2 (%)
C1T1	3.43	1.75×10^{-4}
C2T1	4.96	1.75×10^{-4}
C3T1	4.29	22.05
C4T1	5.05	9.6×10^{-2}

Tableau 3 : Ecarts des forces reconstruites en déformation

Les différents cas étudiés	Ecarts de la force f_1 (%)	Ecarts de la force f_2 (%)
C1T1	5.28	1.75×10^{-4}
C2T1	9.46	1.77×10^{-4}
C3T1	5.06	25.99
C4T1	7.02	9.08×10^{-2}

Tableau 4 : Ecarts des forces reconstruits en déplacement

Les figures 5.10 bis et 5.11 présentent respectivement les résultats obtenus en déformation et en déplacement.

Quel que soit la nature de la mesure (déformation ou déplacement), nous constatons premièrement, au regard des tableaux 3 et 4, que l'ajout de zéros en début de signal n'améliore pas la reconstruction de l'ensemble du chargement. En effet, dans l'identification des ANN, les écarts engendrés dans les cas C1T1 sont inférieurs à ceux des cas C2T1, il en est de même pour les cas C3T1 et C4T1. Quant aux AIN, les écarts, qui sont d'ailleurs très petits, sont du même ordre de grandeur sauf dans le cas C3T1 où on note les plus grands écarts : 22.05% (en déformation) et 25.99% (en déplacement). Ces écarts connaissent une baisse importante quand un certain retard est introduit en début de signal : de 22.05% on obtient 9.6×10^{-2} % en déformation et de 25.99% on passe à 9.08×10^{-2} % en déplacement. L'oscillation observée en fin de signal (figure 5.10 bis (f)) qui reste inexpliquée serait donc à l'origine des 22.05% observés comme écart car cette oscillation n'est quasiment pas observé dans le cas C4T1 (figure 5.10 bis (h)) : l'ajout de zéros améliore ainsi l'identification des AIN.

Aussi, nous pouvons ajouter que la qualité de la reconstruction s'observe dans le cas où le signal ne démarre pas brutalement, c'est-à-dire les cas C1T1 et C2T1.

Par ailleurs, on constate globalement que le début et le niveau maximal de la force sont bien estimés, ainsi que la durée de l'impact de chacune des deux forces. La référence [129] fait aussi état de cette même observation.

Ces résultats montrent que la qualité de la reconstruction en mesurant la déformation est assez meilleure que l'utilisation de la mesure du déplacement (voir tableaux 3 et 4) sauf le cas C3T1. Ces résultats sont en parfait accord avec ceux de Hillary [131] qui annoncent une supériorité des déformations sur le déplacement. Ainsi, ces résultats et ceux de Hillary contredisent les résultats de la référence [7] qui montre la supériorité des déplacements sur les déformations.

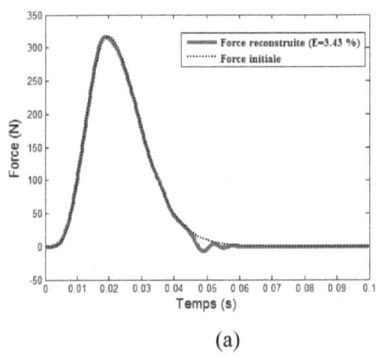

(a)

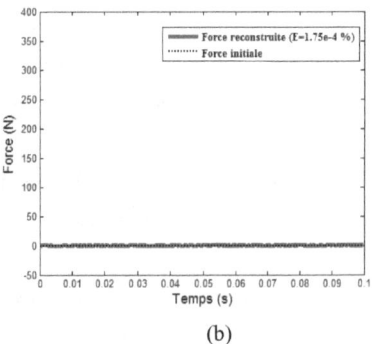

(b)

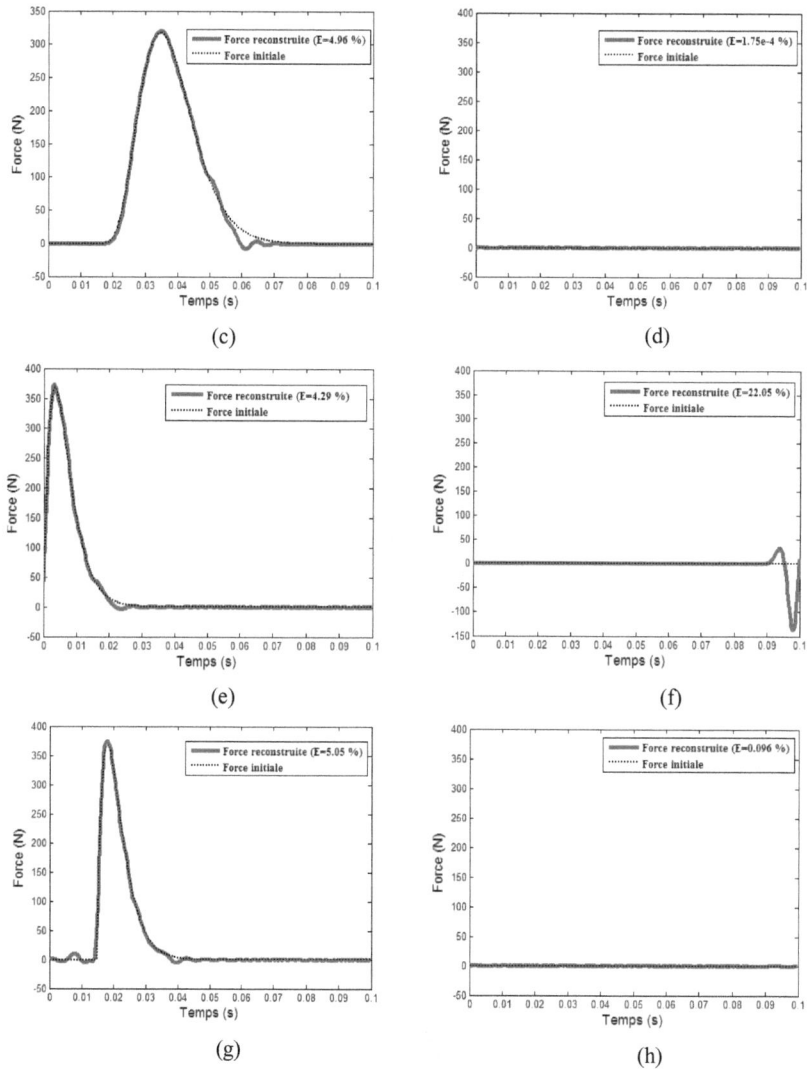

Figure 5.10 bis : reconstruction bayésienne de forces de type 1 en mesurant la
déformation

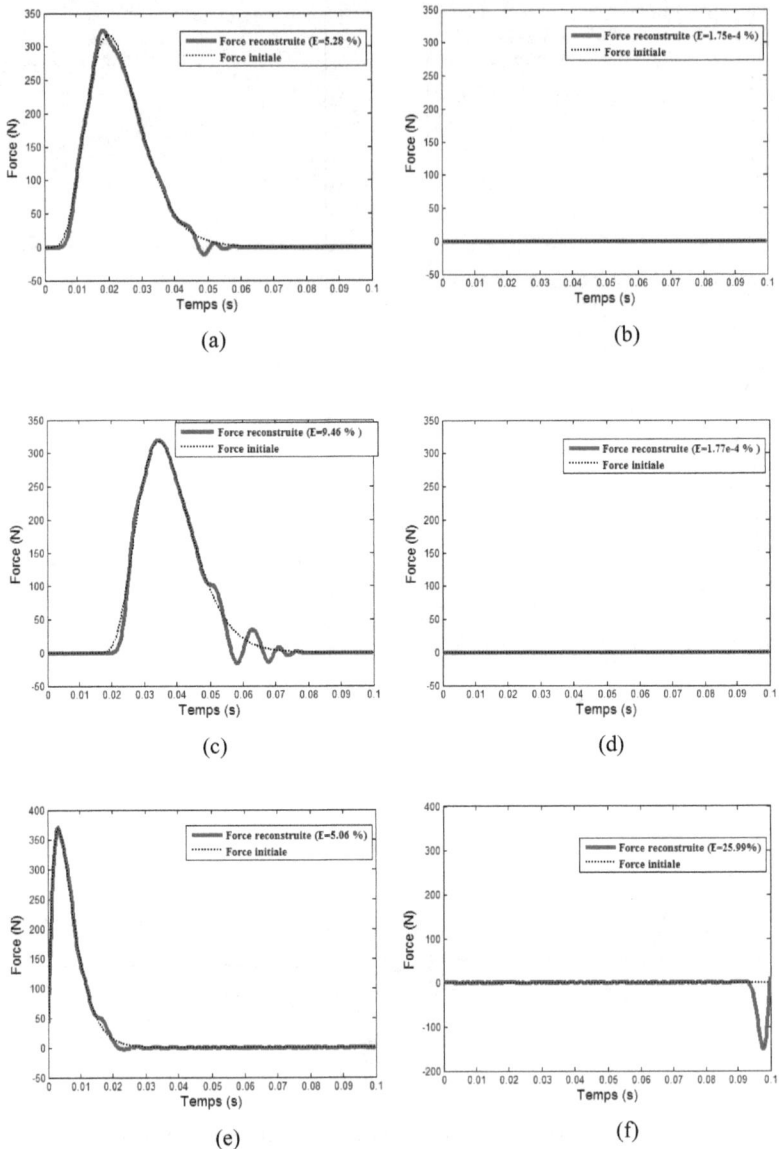

(a)   (b)

(c)   (d)

(e)   (f)

116

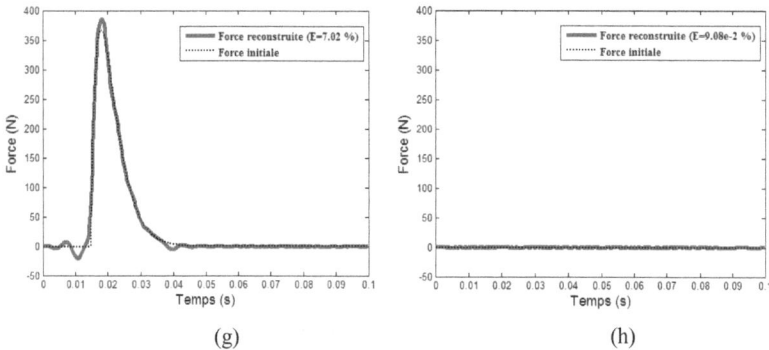

(g)   (h)

Figure 5.11: Reconstruction bayésienne de forces de type 1 en mesurant le déplacement

-      Reconstruction de la force du deuxième type

Les différents cas étudiés	Ecarts de la force f_1 (%)	Ecarts de la force f_2 (%)
C1T2	2.41	6.18
C2T2	4.06	2.33×10^{-4}

Tableau 5 : Ecarts des forces reconstruits en déformation

Les différents cas étudiés	Ecarts de la force f_1 (%)	Ecarts de la force f_2 (%)
C1T2	4.75	0.31
C2T2	4.67	2.34×10^{-4}

Tableau 6 : Ecarts des forces reconstruits en déplacement

Les figures 5.12 et 5.13 présentent respectivement les résultats obtenus en déformation et en déplacement.

Les observations faites dans le cas de la force du premier type sur le niveau maximal et le début de la force reconstruite ainsi que la durée de l'impact sont également faites dans celui du deuxième type. Une fois de plus, tant en déformation qu'en déplacement, l'ajout de zéros en début de signal ne contribue pas à améliorer la reconstruction les ANN mais contribue à améliorer les AIN. En effet, pour les ANN identifiées, on est passé de 2.41% à 4.06% en déformation et, même si les écarts sont du même ordre de grandeur (donc quasiment pareil), de 4.75% on passe à 4.67% en déplacement. Quant aux AIN, bien que les écarts restent très petits nous observons un fait contraire puisque de 6.18% on passe à 2.33×10^{-4}% en déformation et de 0.31% on tombe à 2.34×10^{-4}% en déplacement. Ceci signifie que la reconstruction obtenue en déformation reste un peu meilleure que celle obtenue en déplacement.

Comme constaté dans le cas de la force du premier type, la raideur du signal fait apparaitre des oscillations dans le signal reconstruit. Avec l'ajout de zéros en début du signal, ces oscillations s'atténuent significativement.

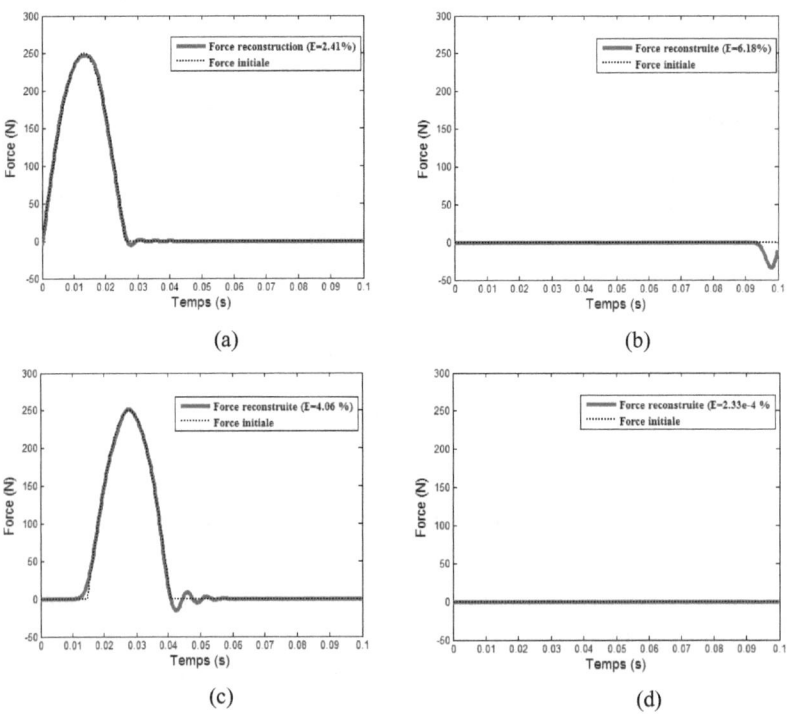

(a)   (b)

(c)   (d)

Figure 5.12: Reconstruction bayésienne de forces de type 2 en mesurant la déformation

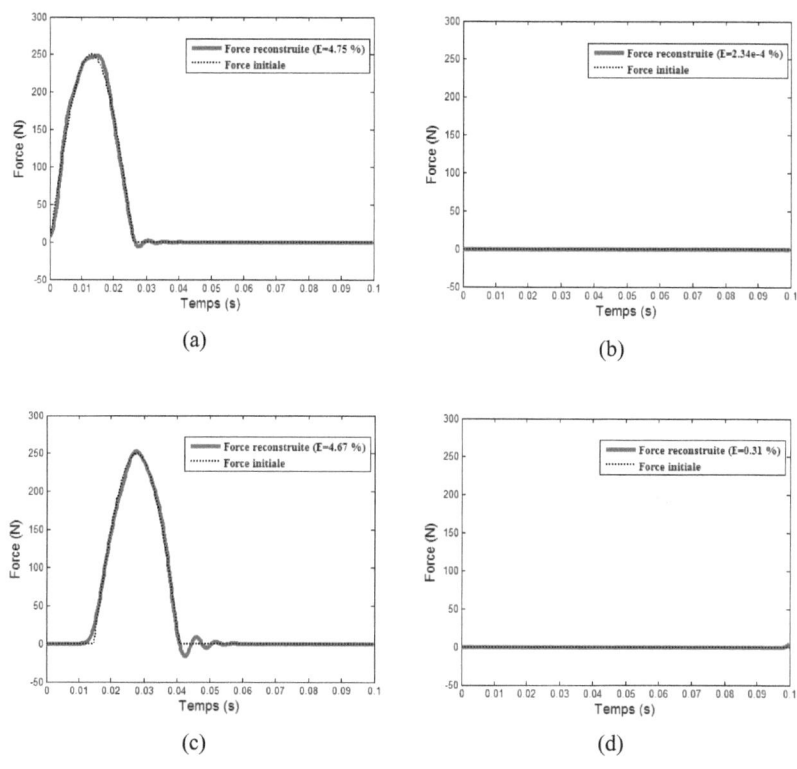

(a)

(b)

(c)

(d)

Figure 5.13: Reconstruction bayésienne de forces de type 2 en mesurant le déplacement

- Reconstruction de la force du troisième type

Les différents cas étudiés	Ecarts de la force f_1 (%)	Ecarts de la force f_2 (%)
C1T3	6.5	17.89
C2T3	6.5	6.56×10^{-2}

Tableau 5 : Ecarts des forces reconstruites en déformation

Les différents cas étudiés	Ecarts de la force f_1 (%)	Ecarts de la force f_2 (%)
C1T3	7.1	20.66
C2T3	8.28	6.16×10^{-2}

Tableau 6 : Ecarts des forces reconstruites en déplacement

Les figures 5.14 et 5.15 présentent respectivement les résultats obtenus en déformation et en déplacement.

Les observations faites dans le cas de la force du premier type sur le niveau maximal et le début du signal reconstruit ainsi que la durée de l'impact sont également faites dans celui du troisième type.

L'identification des forces du troisième type vient, encore une fois de plus, confirmer que l'ajout de zéros en début de signal contribue à améliorer la reconstruction des AIN et non des ANN : les écarts commis dans les cas C1T3 restent soit identique ou inférieurs aux écarts observés dans les cas C2T3. Les grands écarts (17.89 % et 20.66 %) observés dans le cas C1T3 sont certainement dus à la présence inexpliquée de l'oscillation parasite. Toutefois, cette oscillation s'atténuant de façon très importante apparait dans les cas où on a le signal qui démarre brutalement (voir aussi les cas C3T1, C1T2).

Globalement, l'identification des forces du troisième type est très satisfaisante. Les résultats obtenus peuvent nous amener à dire qu'on peut donc reconstruire des signaux qui ne sont pas exclusivement des forces d'impact. Même si ces dernières peuvent s'avérer plus complexes à reconstruire, elles ont l'avantage d'être associées à une contrainte naturelle : la positivité. Ce n'est pas le cas de la force de type 3 qui est donc, finalement, plus générale.

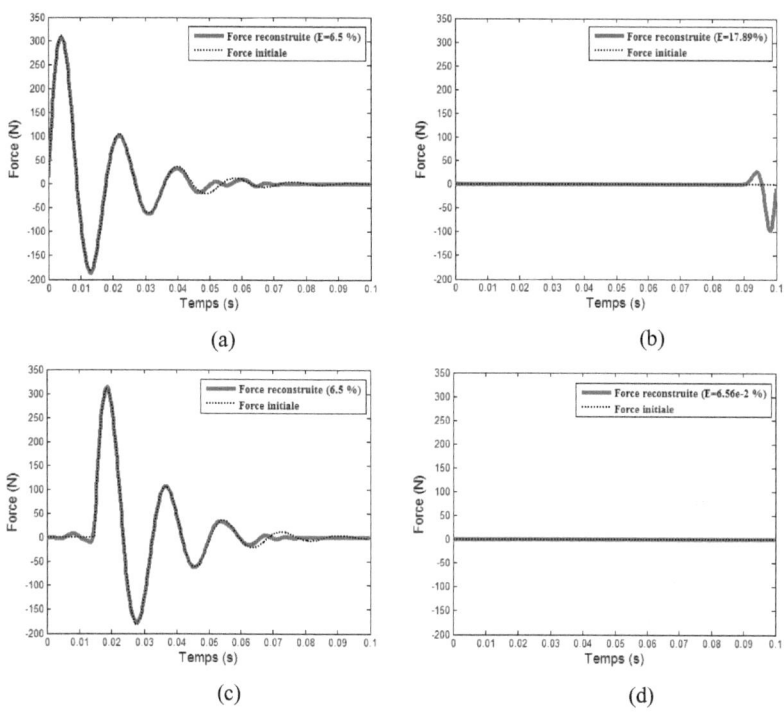

(a)   (b)

(c)   (d)

Figure 5.14: Reconstruction bayésienne de forces de type 3 en mesurant la déformation

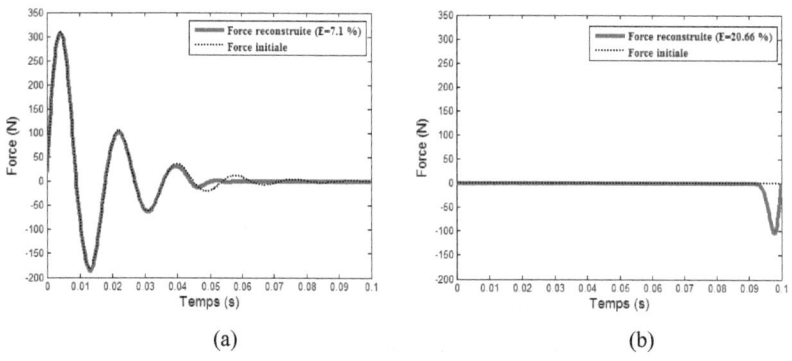

(a)   (b)

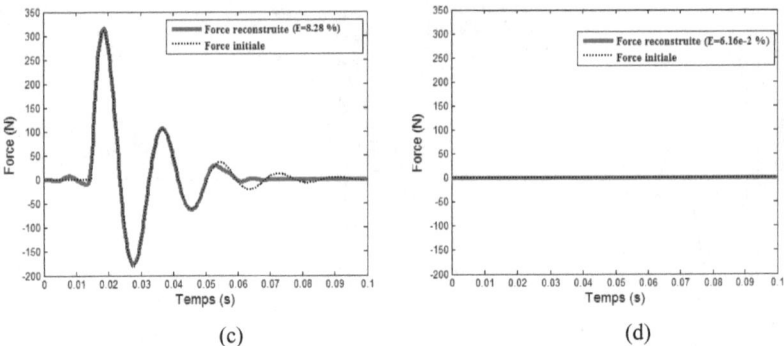

(c)   (d)

Figure 5.15: Reconstruction bayésienne de force de type 3 en mesurant le déplacement

5.5.2.3 Bilan global de la régularisation bayésienne

L'approche bayésienne de reconstruction de chargement a été modélisée et appliquée sur une poutre simplement appuyée. Nous avons travaillé dans le cadre analytique. Deux algorithmes axés sur l'échantillonneur de Gibbs ont été utilisés : algorithme I (algorithme proposé par Zhang dans [63]) et II. Il ressort que la reconstruction de chargement par l'algorithme I est efficace dans le cas où les données de mesure sont très peu affectées par le bruit. Cet algorithme n'est donc pas assez robuste. Cela peut s'expliquer par le fait que le nombre d'itération fixé pour l'identification des efforts est insuffisant pour pouvoir faire une meilleure estimation des paramètres de régularisation qui favorisera une reconstruction acceptable. Aussi, bien que l'algorithme I soit efficace en petite perturbation, il a été constaté que la mise à jour de tous les paramètres de $J = \left\{ u_0, \sigma_u^2, k_P, \beta_P, k_\eta, \beta_\eta \right\}$ n'entraine pas la reconstruction des efforts. Une actualisation partielle de ces paramètres permet de stabiliser le processus de reconstruction. En effet, les essais numériques réalisés ont montrés un accroissement très significatif de l'amplitude du signal reconstruit. La cause de cette variation d'amplitude est liée à l'actualisation de tous les paramètres de J. Une mise à jour partielle effectuée au niveau des paramètres de la loi a priori a permis de stabiliser le processus d'identification de la force.

Le problème d'instabilité ne s'est pas posé avec l'algorithme II. Mieux, l'algorithme II a permis de reconstruire avec un bruit allant jusqu'à 3% de l'amplitude maximale de la réponse. Ainsi, nous avons utilisé cet algorithme II pour identifier deux forces dont l'une est non nulle et l'autre est nulle. Globalement, les résultats de cette simulation ont été excellents. La capacité de cet algorithme à reconstruire les signaux ayant de fortes variations de pente a été mise en évidence. Il ressort que l'on obtient une meilleure identification dans les cas qui ne présentent pas ces fortes variations de pente (C1T1, C2T1 par exemple). Les cas présentant de fortes variations de pente sont affectés par des oscillations parasites qui s'atténuent avec l'ajout de zéros en début de signal. En outre, il faut souligner que dans tous les essais réalisés dans le cas de la reconstruction de deux forces, l'ajout de zéros a contribué à améliorer la qualité de la reconstruction des AIN, tant en déplacement qu'en déformation. Les essais ont également montré un avantage de la mesure de la déformation sur la mesure en déplacement. Nous terminerons par un élément très important, l'identification de la force nulle. La reconstruction de la force nulle est relativement bonne.

Enfin, nous avons pu constater que l'idée d'une reconstruction avec moins de capteurs qu'il y'a de forces est très encourageante et mérite d'être approfondie. C'est une piste à creuser davantage afin de réussir une identification dans cette optique

5.6 Conclusion

Une méthode bayésienne de reconstruction de chargement basée sur l'inversion d'un modèle non perturbé d'une part, et d'un modèle affecté par du bruit d'autre part, a été proposée et validée sur des exemples numériques.
Cette méthode présente plusieurs avantages. D'abord, elle confère au chargement inconnu de l'information a priori sous la forme d'une fonction de densité de probabilité, qui impose naturellement une régularisation intrinsèque. Deuxièmement, l'approche bayésienne fournit un cadre probabiliste rigoureux qui tient compte de toutes les sources possibles d'erreurs qui participent à l'incertitude sur le chargement à identifier (bruit de mesure et erreur de modélisation). Enfin, elle propose la solution du problème inverse sous la forme de densité de probabilité a posteriori à partir de laquelle des tirages peuvent être faits.
Un des points clés qui fait que cette approche est réalisable est sa mise en œuvre au moyen de méthodes MCMC. L'approche bayésienne semble être bien adaptée pour aborder des cas plus difficiles : la reconstruction simultanée de plusieurs chargements

appliqués en différents points de la structure ou encore une pression qui n'est pas appliquée uniformément. Cette perspective sera abordée dans le chapitre 6 où il sera question d'appliquer la méthode bayésienne dans le cadre de la méthode des éléments finis.

Chapitre 6:

Analyse du processus de Localisation du chargement par inférence bayésienne

6.1 Position du problème

La localisation d'un chargement quelconque peut s'effectuer par un processus d'identification de ce même chargement. Ainsi, la reconstruction et la localisation d'un chargement sont étroitement liées. En effet, si a priori on considère que le chargement appliqué est reparti sur toute la surface de la structure étudiée, on élimine alors le problème de la localisation. Ainsi, là où le chargement reconstruit est (presque) nul, on pourra par conséquent conclure qu'il n'y avait pas de chargement appliqué: la zone de chargement est alors, a posteriori, localisable. La capacité ou l'aptitude des méthodes à reconstruire un chargement constamment nul ainsi qu'à identifier simultanément des chargements multiples permettra d'apprécier la qualité du résultat obtenu.

En pratique, sur le plan expérimental ou numérique, il est nécessaire de quadriller la structure par des capteurs ou par un maillage de type éléments finis par exemple. En considérant l'ensemble du maillage, nous identifions ensuite toutes les fonctions de transfert h_{ij} entre chaque couple de degré (i, j) : en l'occurrence, i correspond à un degré de liberté (ddl) selon lequel on effectue une mesure et j un ddl selon lequel s'effectue le chargement. En outre, pour le chargement que nous cherchons à reconstruire, l'écriture du système matriciel faisant intervenir toutes les fonctions de transfert s'impose. Il reste alors à résoudre ce problème qui est d'ailleurs un problème mal-posé. La précision de la localisation est liée à la finesse du maillage.

En considérant une poutre bi-appuyée, nous allons appliquer cette démarche pour localiser la zone d'impact au travers de la reconstruction du chargement. Nous allons utiliser une approche élément fini: la poutre est discrétisée en éléments finis et la réponse mesurée des ddl sera utilisée.

La méthode utilisée pour l'identification donc la localisation est toujours l'inférence bayésienne, décrite dans les chapitres précédents.

Nous commencerons premièrement par établir les équations régissant ce problème : ce sera une extension des équations écrites dans les chapitres précédents. Puis nous passerons à la reconstruction de deux actions (force et/ou moment) uniquement, sachant que l'une des actions sera identiquement nulle (AIN) alors que l'autre sera forcément non nulle (ANN). Puis, nous passerons à la reconstruction simultanée de plusieurs chargements non nuls et finalement nous conclurons quant à la possibilité de localiser la région où l'effort a été appliqué.

6.2 Position du problème étudié

6.2.1 Mise en équation

La structure étudiée est modélisée en éléments finis. Soit $h_{ij}(t)$ sa réponse impulsionnelle entre le ddl i et le ddl j. Supposons que n_F actions soient appliquées sur la structure selon n_F ddl et que n_m mesures soient faites. Alors la réponse $s_{i_l}(t)$ du ddl mesuré i_l est :

$$\forall\, l \in \{1, 2, ..., n_m\}, s_{i_l}(t) = \sum_{k=1}^{n_F} \int_0^t h_{i_l j_k}(t - \tau) f_{j_k}(\tau) dt \qquad (6.1)$$

où

$\{j_k\}_{k=1,2,...,n_F}$ est l'ensemble des ddl le long desquels les actions sont appliquées; de même $\{i_l\}_{l=1,2,...,n_m}$ est l'ensemble des ddl le long desquels les mesures sont effectuées. L'équation de convolution est discrétisée. Cela conduit au système d'équations algébriques suivant :

$$\forall\, l \in \{1, 2, ..., n_m\}, S_{i_l} = \sum_{k=1}^{n_F} H_{i_l j_k} F_{j_k} \qquad (6.2)$$

avec $H_{i_l j_k}$ est la matrice de transfert de taille $n_t \times n_t$:

$$H_{i_l j_k} = \Delta t \begin{pmatrix} h_{i_l j_k}(\Delta t) & 0 & 0 & \cdots & 0 \\ h_{i_l j_k}(2\Delta t) & h_{i_l j_k}(\Delta t) & \ddots & & \vdots \\ h_{i_l j_k}(3\Delta t) & h_{i_l j_k}(2\Delta t) & \ddots & \ddots & \vdots \\ \vdots & \vdots & & \ddots & 0 \\ h_{i_l j_k}(n_t \Delta t) & h_{i_l j_k}((n_t - 1)\Delta t) & \cdots & & h_{i_l j_k}(\Delta t) \end{pmatrix}$$

Δt représente le pas de temps de discrétisation temporelle et n_t le nombre de points temporels. Aussi, on a :

$S_{i_l} = \left[s_{i_l}(\Delta t), s_{i_l}(2\Delta t), \cdots, s_{i_l}(n_t \Delta t) \right]^t$ est un vecteur de dimension n_t

$F_{j_k} = \left[f_{j_k}(0), f_{j_k}(\Delta t), \cdots, f_{j_k}((n_t - 1)\Delta t) \right]^t$ est un vecteur de dimension n_t

Les équations (6.2) conduisent au problème suivant :

$$S = H F \qquad (6.3)$$

où

$S = \left[S^t_{i_1}, S^t_{i_2}, \cdots, S^t_{i_{n_m}} \right]^t$, $F = \left[F^t_{j1}, F^t_{j2}, \cdots, F^t_{j_{n_F}} \right]^t$ et H est une matrice Toeplitz par

block; ainsi H est une matrice $m \times n$, S est un vecteur de dimension m, F est un vecteur de dimension n où $m = n_t \times n_m$ et $n = n_t \times n_F$.

Comme $H_{i_l j_k}$ est une matrice de Toeplitz, résoudre l'équation matricielle (6.3) est encore un problème mal-posé : c'est pourquoi on utilisera la technique de régularisation bayésienne pour effectuer sa résolution.

$L(m)$	$a(cm)$	$E(GPa)$	$\rho\left(kg/m^3\right)$
0.9	2	70	2800

Tableau 6.1: Caractéristiques de la poutre

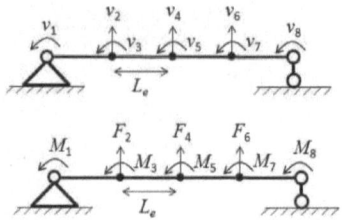

Figure 6.1: Discrétisation éléments finis de la poutre en 4 éléments: ddl et efforts nodaux

6.2.2 Système étudié

Les caractéristiques de la poutre étudiée (aluminium, section carrée de côté a, longueur L) sont listées dans le tableau 6.1. Elle est discrétisée en 4 éléments et 8 ddl (voir figure6.1). Bien que ce système soit très simple, une première difficulté apparait: les ddl et donc les actions nodales n'ont pas tous la même nature. On a donc des translations et des rotations associées à des efforts nodaux et des moments nodaux.

6.3 Identification de deux actions

Une action est appliquée selon le ddl i_A uniquement. Le problème direct donné par l'équation (6.3) donne alors la réponse du système selon tous les ddl. Parmi ces réponses, certaines sont retenues et sont considérées comme étant les réponses mesurées qui vont permettre de reconstruire le chargement. Chaque réponse est perturbée par l'ajout d'un bruit: il s'agit d'un signal aléatoire gaussien de moyenne nulle et de variance égal à 3% de l'amplitude maximale de la réponse. Finalement on identifie non seulement l'action appliquée selon le ddl i_A , mais également une action appliquée selon un autre ddl : i_B . Cette dernière action est donc identiquement nulle.

L'objectif a donc deux aspects: évaluer la capacité de la méthode à identifier simultanément deux actions d'une part, et d'autre part tester la possibilité d'identifier une action nulle. Plusieurs cas seront examinés: on testera l'influence de la nature de l'action (force ou moment), du choix des ddl mesurés (nombre de points de mesure, nature des ddl qui peuvent être une translation ou une rotation).

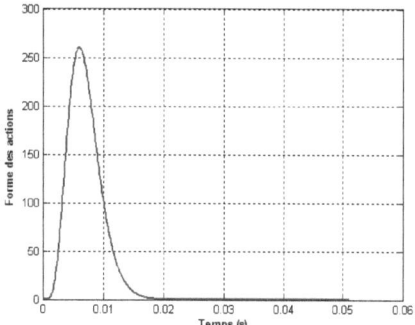

Figure 6.2: Évolution temporelle des actions appliquées

Quasiment toutes les actions testées seront proportionnelles au signal $f(t)$:

$$f(t) = f_0 t^{\alpha} e^{-\beta t} \tag{6.4}$$

où $f_0 = 2 \times 10^{19} \, \text{N.s}^{-6}$, $\alpha = 6 \, \text{s}^6$, $\beta = 1000 \, \text{s}^{-1}$. Cette fonction est représentée à la figure 6.2 ci-après.

Comme dans le cas analytique, nous allons donc, dans toutes les simulations de ce chapitre, tester la méthode bayésienne axée sur l'algorithme II défini dans le chapitre 5 pour identifier un chargement donné.

En outre, dans ce paragraphe comme dans tous les autres paragraphes, nous définissons un critère pour évaluer l'écart entre l'action identifiée A^{id} et l'action réelle A^{re} comme suit :

- ANN : $$E_{A^{id}} = \frac{\left\| A^{re} - A^{id} \right\|_2}{\left\| A^{re} \right\|_2} \times 100 \ (\%) \tag{6.5}$$

- AIN : $$E_{A^{id}} = \frac{\left\| A^{id} \right\|_2}{\left\| A_{nn}^{re} \right\|_2} \times 100 \ (\%) \tag{6.6}$$

L'écart des AIN est un écart relatif appelé coefficient multiplicateur : nous allons comparer les écarts des AIN reconstruites par rapport aux ANN réelles A_{nn}^{re}. Par exemple, pour la paire d'action 1 (voir tableau 6.3), on aura :

$$E_{A^{id}} = E_{F_2} = \frac{\left\| F_2^{id} \right\|_2}{\left\| F_4^{re} \right\|_2} \text{ où } A_{nn}^{re} = F_4^{re}. \text{ Il est à remarquer dans (6.6) que } \left\| A_{nn}^{re} \right\|_2 \text{ est une}$$

sorte de facteur d'échelle : l'idée étant de comparer les résultats de l'action nulle par rapport à l'action non nulle. Cependant, $\left\| A_{nn}^{re} \right\|_2$ n'est pas un facteur adimensionnalisant, du fait que les actions peuvent être de nature différente. Ainsi, si l'ANN est une force et l'AIN un moment alors l'écart quantifiant l'action nulle est exprimé en mètre. Aussi n'est-il pas simple de comparer les écarts pour différentes paires d'ANN et d'AIN.

Numéros de cas étudiés	1	2	3	4	5	6	7	8	9	10
ddl mesurés	2&4	4&6	2&6	3&5	5&7	3&7	1&2	1&4	2&3	2&5

Tableau 6.2: Liste des différents cas de mesures

Numéro de la paire d'actions	1	2	3	4	5
ddl associé à l'AIN	2	1	5	4	4
ddl associé à l'ANN	4	4	4	5	2

Tableau 6.3: Liste des ddl associés aux actions à identifier

6.3.1 Identification des deux actions : AIN et ANN

Différents cas de mesures sont étudiés. Ils sont listés dans les tableaux 6.2. De même plusieurs paires d'actions sont identifiées (tableau 6.3): la première action est une action identiquement nulle (AIN) et la seconde, une action non nulle (ANN). Notons que l'approche bayésienne n'étant pas une approche déterministe, alors, après la phase d'échauffement de l'algorithme, nous considérons la moyenne des réalisations pour identifier le chargement au bout de 12 500 itérations et ceci sera toujours le cas dans ce chapitre.

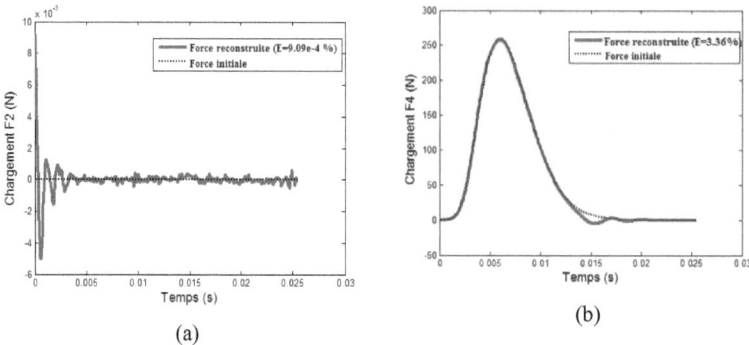

(a)

(b)

Figure 6.3: Actions identifiées (trait plein) et originale (trait discontinu) pour le cas 1 de mesure associée à la paire d'action 1 : (a) AIN et (b) ANN

Ainsi, par exemple, les forces identifiées F_2 (AIN) et F_4 (ANN) de la paire d'action 1, sont dessinées à la figure 6.3: le cas 1 des mesures a été utilisé.

Pour se faire une idée de leurs écarts, on a $E_{F_2} = 9.09 \times 10^{-4}$ % et $E_{F_4} = 3.36$ %. Tous les écarts de tous les essais sont représentés sur la figure 6.4 de façon à détecter une influence éventuelle des mesures sur les résultats.

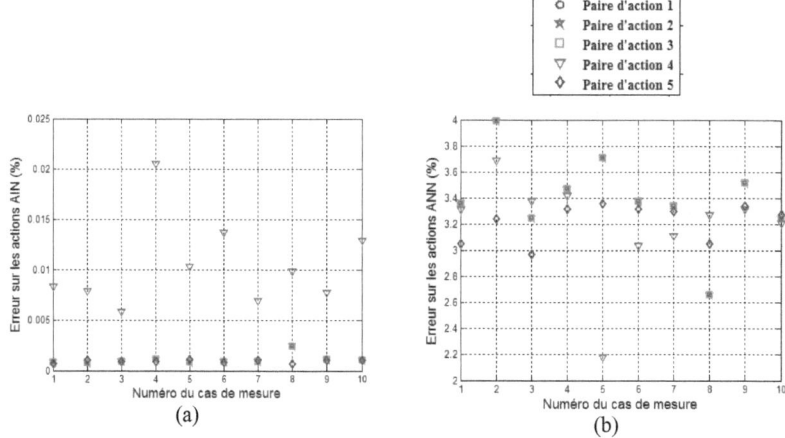

(a)

(b)

Figure 6.4: (a) Ecart des AIN et (b) Ecart des ANN en fonction des cas de mesure pour les différentes paires d'actions

6.3.2 Discussion

La figure 6.4 présente les différents écarts entre les chargements originaux et reconstruits selon les différents cas listés dans les tableaux 6.2 et 6.3.Tous les résultats sont excellents. En effet, pour les ANN, en dehors des paires d'action 1, 2 et 3 associées chacune à la mesure 2 et qui constituent les cas présentant les écarts les plus élevés (les écarts sont autour de 4 %), tous les résultats sont excellents. Quant aux AIN, si l'un de nos objectifs est de parvenir à identifier l'action nulle, alors au regard de la figure 6.4 (a) les résultats sont également très satisfaisants: l'écart le plus élevé est autour de 2 % et qui concerne la paire d'action 4 associée à la mesure 4, là encore, les AIN reconstruites sont excellentes.

Ces résultats (figure 6.4) sont dus à une bonne estimation des paramètres de régularisation (σ_P^2 et σ_η^2) qui sont censés favoriser une bonne reconstruction du chargement si toutefois ils sont bien estimés. Ainsi, une meilleure estimation des paramètres de régularisation est liée à l'initialisation de l'algorithme d'identification, en occurrence l'algorithme II. Le paramètre d'intérêt (le chargement) ainsi que la variance σ_P^2 de la matrice de covariance a priori $\Gamma_{pr} = \text{diag}\left(\sigma_P^2\right)$ du paramètre d'intérêt sont les seuls paramètres à initialiser pour faire tourner l'algorithme (voir chapitre 5). La variance σ_P^2 est initialisée via les paramètres k_P et β_P à partir de sa loi a priori. En choisissant des valeurs telles que β_P soit le plus faible possible ($k_P = 2, \beta_P = 10^{-10}$ par exemple) et un grand nombre d'itérations (puisque le processus est itératif), nous obtenons ainsi une meilleure estimation des paramètres de régularisation et par conséquent, une bonne identification du chargement.

L'analyse globale des écarts de la figure 6.4 met en évidence une satisfaction quant à la qualité des reconstructions. Cette qualité peut être due à trois facteurs essentiels. D'abord la façon de modéliser le problème, ensuite la méthode utilisée pour le résoudre et enfin l'obtention d'une meilleure estimation des paramètres de régularisation (σ_P^2 et σ_η^2).

En effet, les chapitres 3 et 5 ont montré que la difficulté dans l'approche bayésienne réside essentiellement dans sa loi a priori qui impose naturellement une régularisation intrinsèque: une loi a priori bien maitrisée favorise une solution régularisée satisfaisante. Une bonne modélisation de cette loi a priori est donc d'une importance capitale. Poser le problème d'identification de chargement dans le contexte de CS (acquisition compressée) permet de mieux modéliser l'information a priori du paramètre d'intérêt, en occurrence le vecteur chargement. Ce paramètre d'intérêt est reconstruit au travers de sa représentation parcimonieuse qui suit une loi normale gaussienne et dont les éléments de la matrice de covariance de cette loi suivent la loi gamma inverse: la loi gamma inverse est réputée pour favoriser un signal parcimonieux [85]. L'algorithme II axé sur la méthode de l'échantillonneur de Gibbs est très bien adapté pour identifier un chargement car les lois de probabilité intervenant dans cet algorithme sont usuelles, donc facilement simulables.

Dans l'approche déterministe, la reconstruction de chargements est beaucoup plus difficile lorsque deux actions, au moins, doivent être identifiées. Cette difficulté tire son origine dans le choix du paramètre de régularisation qui se détermine par des méthodes classiques comme la méthode dite ''courbe en L'' [7]. En effet, plus il y a d'efforts à identifier, plus il est difficile de faire une bonne estimation du paramètre de régularisation : le nombre de coins ou de minima augmente avec le nombre d'actions à reconstruire [7]. Ainsi, il n'est pas évident de faire un bon choix du paramètre de régularisation. Dans la formulation bayésienne, qui est notre cas, les paramètres de régularisation peuvent être pluriels (pluriels veut dire que σ_P^2 et σ_η^2 peuvent ne pas être constants, donc ils sont adaptatifs en fonction de l'effort et de l'instant de reconstruction) et se déterminent par un processus itératif au travers de l'échantillonnage de Gibbs. Ces paramètres de régularisation s'améliorent au fur et à mesure que l'on effectue des tirages dans l'algorithme. Ainsi, plus le nombre d'itérations est élevé, meilleure sera l'estimation de ces paramètres de régularisation et par conséquent, la qualité de l'identification de chargement s'améliorera.

Par ailleurs, de la figure 6.4, une analyse de la sensibilité aux points de mesures laisse apparaître qu'il est difficile de prédire l'avantage d'une mesure sur une autre. En effet, les trois premières mesures (1, 2 et 3) concernent les translations tandis que les trois autres mesures qui suivent (4, 5 et 6) sont des rotations et les dernières mesures (7 à 10) sont un mélange de translation et rotation. Globalement, l'identification à partir des trois cas de mesure (translation, rotation et mixité de translation-rotation) est excellente.

Cependant, et plus fondamentalement, nous voulons insister sur le fait que l'importance de la distribution a priori dans l'analyse statistique bayésienne ne réside en aucun cas dans le fait que le paramètre d'intérêt (en occurrence, le vecteur force d'impact) puisse (ou ne puisse pas) être perçu comme étant distribué selon la loi a priori, ou même comme étant une variable aléatoire, mais plutôt que l'utilisation de la distribution a priori est la meilleure façon de résumer l'information disponible (et le manque d'information) sur ce paramètre [66].

6.4 Identification de plusieurs ANN

6.4.1 Identification de deux actions non nulles

Nous avons testé la capacité de l'approche bayésienne à reconstruire un couple de forces identiques: F_2 appliquée le long du ddl 2 et F_4 appliquée le long du ddl 4. Ces forces sont
identiques à celle illustrée par la figure 6.2.

Les écarts ont été évalués en prenant les mêmes cas de mesures que précédemment (tableau 6.2). Le résultat de ces écarts est présenté sur la figure 6.5.

Tous les ddl mesurés donnent des résultats très satisfaisants: seule la mesure 2 associée à la force F_4 a un écart de l'ordre de 4%, ce qui est excellent, tandis que tout le reste est de l'ordre de 3%. Aussi, notons que la mesure 10 est le cas pour lequel les deux forces reconstruites sont les plus proches de la force initiale.

En considérant la mesure 10, la figure 6.6 illustre avec clarté le processus de reconstruction des deux ANN (figure 6.6 (a)) ainsi que les histogrammes (figure 6.6 (b) à (d)) des chargements à reconstruire et les paramètres de régularisation σ_η^2 et σ_P^2. Afin de s'assurer de la convergence du vecteur chargement P qui est tiré de la loi normale et dont la matrice de covariance est diagonale, nous avons illustré sur la figure 6.6 (b) l'histogramme des réalisations de sa trentième composante (composante prise de façon arbitraire). Ainsi, nous constatons que l'histogramme de cet échantillon converge vers la loi gaussienne. Le même constat est également fait sur les deux autres histogrammes. Ces derniers convergent vers la loi gamma même si la figure 6.6 (d) montre un histogramme qui converge vers une loi exponentielle: il est connu que la loi exponentielle est une loi gamma dont le paramètre de forme vaut 1. Nous avons tracé sur la figure 6.6 (d) l'histogramme des réalisations de la première composante de la matrice de covariance du chargement P, (composante également prise arbitrairement). Rappelons que cette matrice de covariance est diagonale, donc ses éléments diagonaux constituent la variance de la dite matrice.

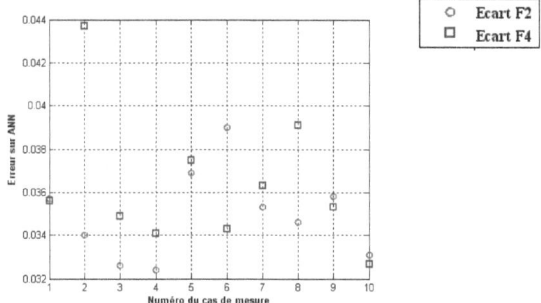

Figure 6.5: Ecarts sur les forces identifiées pour les différents cas de mesures

Ainsi, l'ensemble de tous ces histogrammes nous donnent un bon signe que l'algorithme d'échantillonnage a convergé.

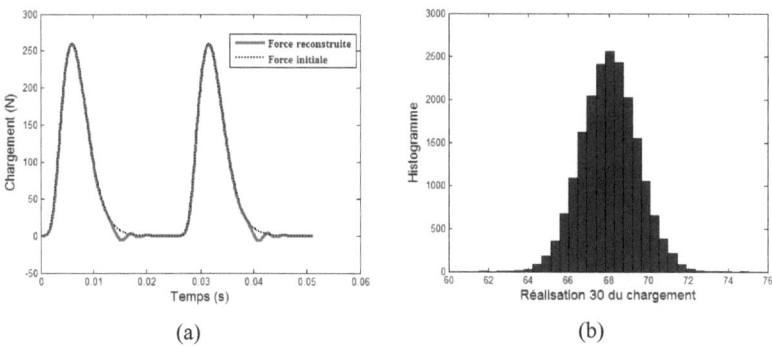

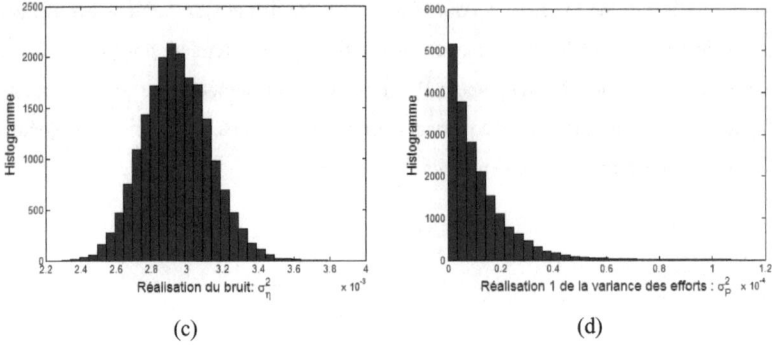

(c)   (d)

Figure 6.6: (a) : Identification ANN et (b), (c), (d) : histogrammes

6.4.2 Reconstruction d'une pression

Une pression uniforme $p(t)$ est appliquée sur le troisième élément: la forme de la pression est toujours celle de la fonction représentée à la figure 6.2 $(p(t) = q(t))$. Compte-tenu que la pression est uniforme sur l'élément, on pourrait se ramener à identifier une seule fonction. Toutefois, l'idée ici est de reconstruire la pression telle que la représente un modèle éléments finis, c'est à dire en projetant la pression sur les ddl du modèle éléments finis: on obtient donc quatre actions qui sont les forces $F_4 = F_6 = pL_e/2$ et les deux moments suivants

$M_5 = -M_7 = pL_e^2/12$ où L_e est la longueur de l'élément fini. On utilise ici le cas des mesures v_2, v_4, v_5 et v_6.

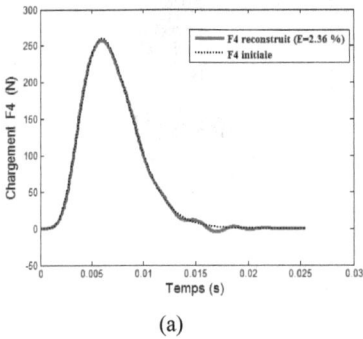
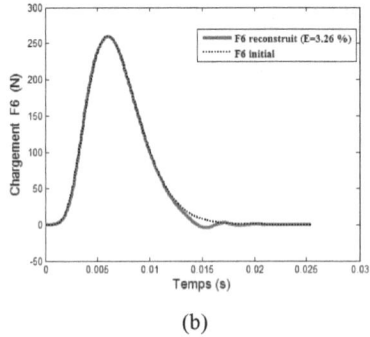

(a)   (b)

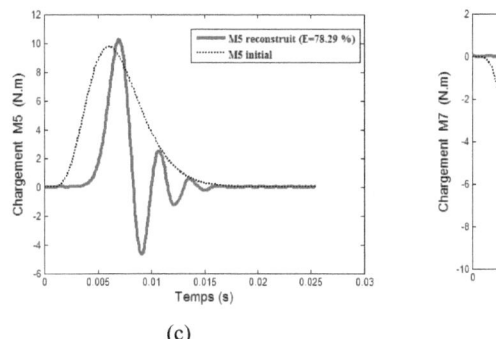
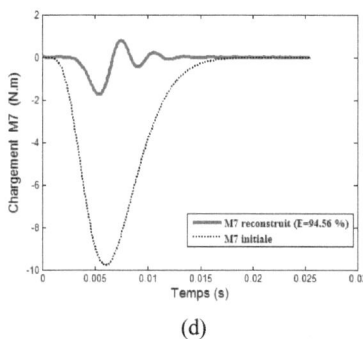

(c) (d)

Figure 6.7: Chargements identifiés : (a) F_4 et (b)F_6 (c) M_5 et (d) M_7

La figure 6.7 montre que si les forces reconstruites sont excellentes tout en ayant les écarts de 2.36 % pour F_4 et 3.26 % pour F_6, les moments identifiés ne sont pas du tout satisfaisants puisqu'on a des écarts de 78.29 % pour le moment M_5 et 94.56 % pour le moment M_7. Cependant, il faut également être conscient que le travail fourni par la pression se traduit essentiellement par le travail fourni par les forces car le travail dû aux moments est négligeable comme le montre la figure 6.8. En conséquence, cette mauvaise identification des moments n'a pas une incidence notable sur un dimensionnement qui serait fait uniquement à partir des forces identifiées.

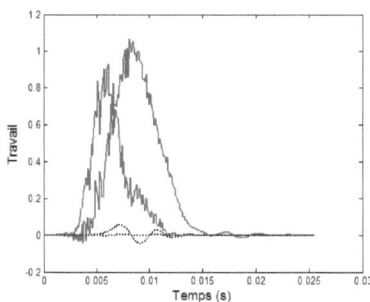

Figure 6.8: Travail fourni par les forces (trait continu) et les moments (trait discontinu)

6.4.3 Sous-identification de la pression

Dans ce paragraphe, "sous-identification" voudra dire que, bien qu'on sache que l'on a certaines ANN, on considérera a priori quelles sont nulles et, en conséquence, on ne cherche pas à les identifier. On va étudier cette sous-identification dans le problème de l'identification d'une pression: l'idée consiste à n'identifier que les forces nodales produites par la pression et à considérer que les moments sont des actions nulles. Ceci se justifie par le faible niveau de travail produit sur la structure par les moments nodaux. Cela simplifie ainsi l'identification puisqu'on n'aura plus deux actions de nature différentes à identifier: plus précisément on n'aura plus à identifier les moments qui sont fortement sous-régularisés.

Ceci veut dire qu'on cherche donc à identifier les forces produites par la pression, au niveau des nœuds d'un réseau, à partir des mesures des dépalcements des nœuds.

Les résultats sont excellents puisqu'on obtient un écart de 3.5 % (resp. 3.42 %) sur F_4 (resp. F_6) comme le montre la figure 6.9. Il est important de souligner que si on applique un problème direct à partir des actions identifiées, les réponses recalculées sont très proches des réponses calculées avec les actions réelles. Ceci a été observé non seulement pour les réponses en translation, mais également pour les réponses en rotation, alors que les moments ont été négligés. Ceci montre bien que la sous-identification est tout à fait adaptée au cas du problème de l'identification d'une pression. Aussi, d'un point de vue du dimensionnement de structures, les actions identifiées (figure 6.9) sont tout à fait satisfaisantes : en particulier la figure 6.10 montre que les travaux des actions identifiées sont très proches des travaux des actions réelles.

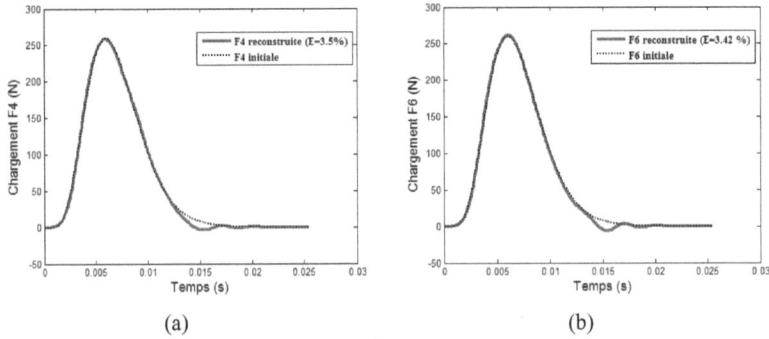

(a)   (b)

Figure 6.9: Forces reconstruites (en continu) et initiales (en discontinu): (a) F_4 et (b) F_6

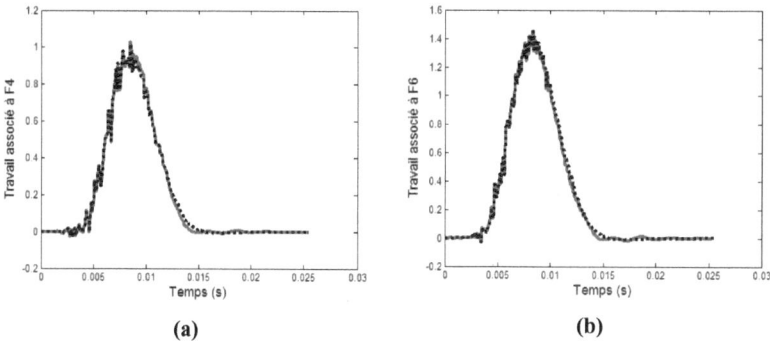

(a)   **(b)**

Figure 6.10: Travail dû aux forces réelles (trait discontinu) et Travail dû aux forces reconstruites (trait continu): (a) F_4 et (b) F_6

6.4.4 Application

La plupart des travaux sur l'identification de chargement repose sur la connaissance de la zone où les actions sont appliquées: cela nécessite parfois un travail préalable pour estimer cette zone.

Savoir identifier des actions identiquement nulles et des actions non nulles rend inutile cette nécessité de localiser la zone d'application des actions: en fait, la localisation se fait automatiquement et naturellement par détection des nœuds où les actions sont nulles. Comme le montre la figure 6.11, on a divisé la poutre en 7 éléments et on a appliqué une pression sur le deuxième et le cinquième élément. En conséquence, par projection des pressions, on a appliqué des forces selon les translations 2, 4, 8 et 10 et on applique des moments selon les rotations 3, 5, 9 et 11. Un problème direct est alors effectué pour déterminer les réponses selon tous les ddl. Rappelons que les nœuds 1, 4, 7 et 8 sont libres de tout chargement : aucune force n'est appliquée à ces nœuds. Ainsi, Nous allons tenter d'identifier les forces appliquées selon les translations 2, 4, 8 et 10 et identifier aussi les AIN aux nœuds 1, 4, 7 et 8 qui sont libres de tout chargement.

Toutefois, comme expliqué au précédent paragraphe, on effectuera une sous-identification: les forces sont identifiées mais les moments sont supposés être identiquement nuls. Aussi, l'identification sera faite en considérant que les réponses $\left(\upsilon_1, \upsilon_2, \upsilon_4, \upsilon_6, \upsilon_8, \upsilon_{10}, \upsilon_{12} \text{ et } \upsilon_{14} \right)$ où les translations dominent. Ceci se rapproche d'une mise en œuvre pratique d'un dispositif de mesures: on mesure couramment un champ de déplacements mais pas un champ de rotations.

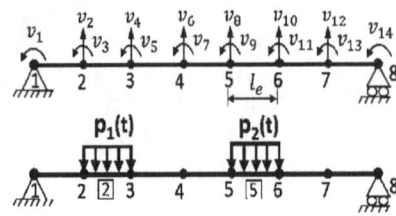

Figure 6.11: Discrétisation éléments finis de la poutre en 7 éléments

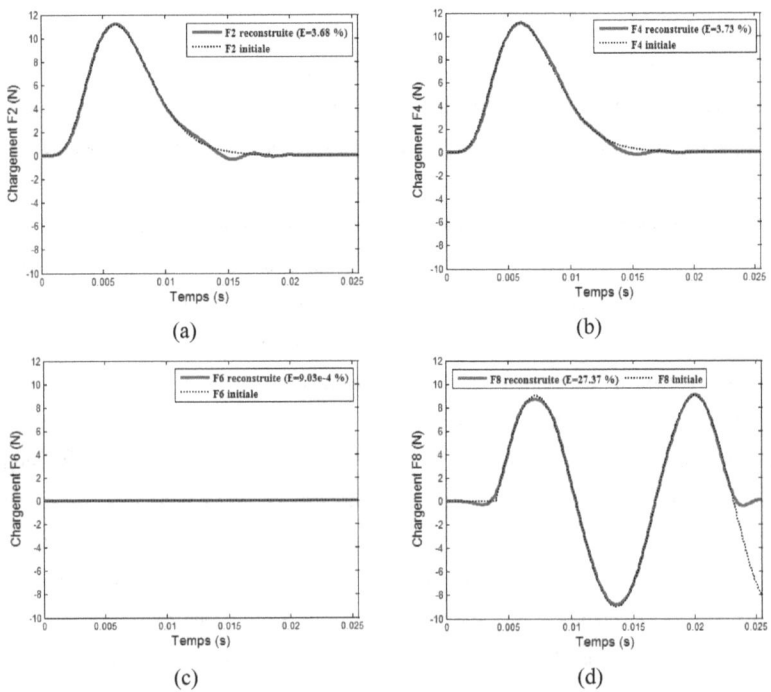

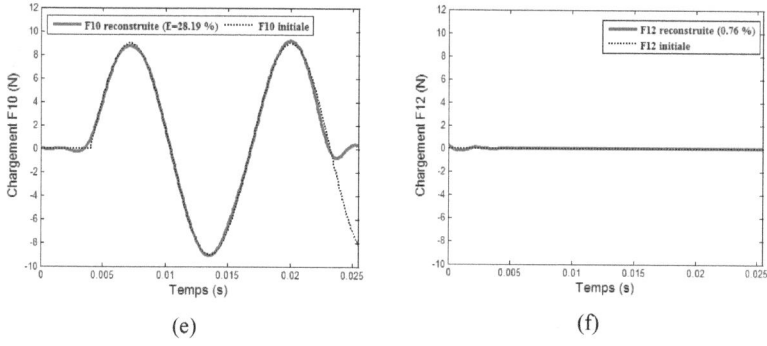

(e)   (f)

Figure 6.12: Force réelle et force identifiée avec six mesures de translations

La pression appliquée sur le deuxième élément a la même forme que celle qui a été utilisée précédemment (voir figures 6.12 (a) et (b)), alors que la pression appliquée sur le cinquième élément est appliquée avec un certain retard et est de forme sinusoïdale, comme indiqué figures 6.12 (d) et (e).

Les résultats sont illustrés par la figure 6.12. Ainsi, l'identification des ANN est excellente. En effet, l'écart entre les forces réelles et identifiées est de 3.68% pour F_2, de 3.73% pour F_4, 27.37% pour F_8 et 28.19% pour F_{10}. En outre, l'identification des forces qui sont censées être identiquement nulles est très satisfaisante même si cela fait apparaître des oscillations parasites. Ces oscillations parasites, qui sont d'ailleurs de très faible amplitude, s'atténuent de façon très rapide pour tendre vers zéro: les forces F_6 et F_{12} identifiées (AIN) en donnent une parfaite illustration, elles (F_6 et F_{12}) peuvent donc être considérées comme des actions identiquement nulle.

De ce fait, à partir de la qualité des résultats obtenus, l'approche bayésienne s'avèrerait être capable de savoir que seuls les deuxième et cinquième éléments sont chargés. Ainsi, les résultats obtenus montrent que l'approche bayésienne semblerait être bien adaptée pour localiser la zone de chargement par un processus de reconstruction dudit chargement.

Par ailleurs, les grands écarts observés sur les forces F_8 et F_{10} dans les cas précédents semblent être liés à la force sinusoïdale utilisée. Ainsi, nous avons effectué une simulation dans laquelle les forces F_8 et F_{10} sont toujours identiques et ont la forme de la figure 6.13. Nous avons considérons les mesures précédents. Les résultats de cette simulation sont illustrés à la figure 6.14.

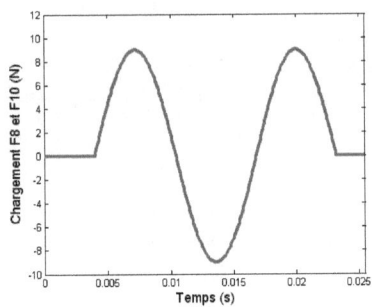

Figure 6.13: Forces réelles F_8, et F_{10} à identifier

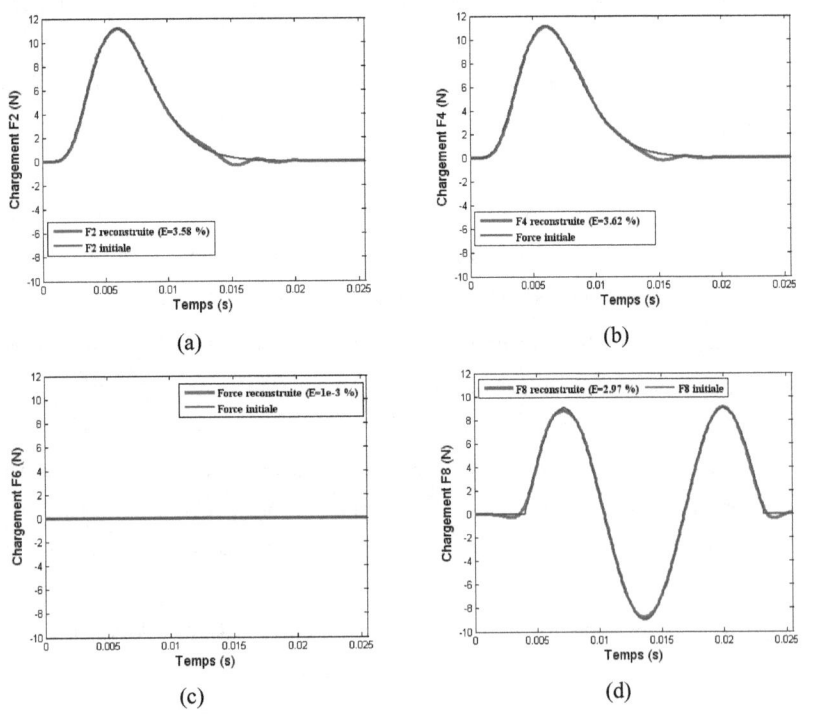

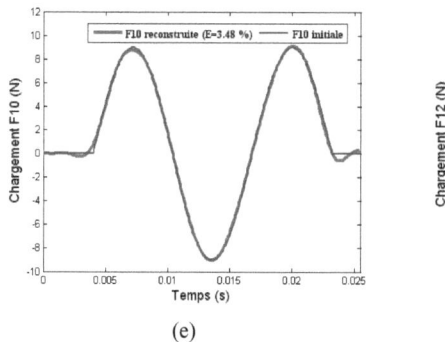
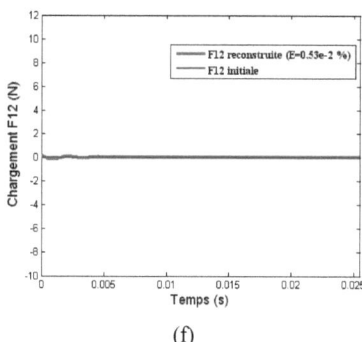

(e)   (f)

Figure 6.14: Force réelle (en bleue) et force identifiée (en rouge)

Les mêmes observations que précédemment peuvent être tirées des figures 6.14 (a) à 6.14 (f). Ceci confirme, d'une part, qu'une force non nécessairement une force d'impact peut être identifiée: on peut donc reconstruire des signaux qui ne sont pas exclusivement des forces d'impact. Même si ces dernières peuvent s'avérer plus complexes à reconstruire, elles ont l'avantage d'être associées à une contrainte naturelle: la positivité. Ce n'est pas le cas des forces F_8 et F_{10}. D'autre part, les AIN peuvent être reconstruites comme le montrent les figures 6.14 (c) et 6.14 (f).

6.5 Conclusions

Ce chapitre s'est tourné vers l'identification d'actions multiples par la régularisation bayésienne qui a été appliqué à l'identification de forces et moments dans le cas d'une poutre en flexion. Les actions à identifier étaient donc de différentes natures.

Dans un premier temps on a identifié deux actions: l'une était non nulle alors que l'autre était identiquement nulle. Cela a permis de mettre en évidence ce qu'on peut attendre de l'identification d'une force "nulle". Les résultats ont été satisfaisants. En outre l'augmentation du nombre de mesures améliore l'identification: l'identification s'avère excellente quand on utilise autant de force qu'il y a de réponses disponibles.

Ensuite, on a identifié plusieurs actions non nulles. Le processus d'identification d'actions multiples a donné des résultats très satisfaisants. Il a été mis en évidence que la qualité de la reconstruction est liée à la fois à la bonne estimation des paramètres de régularisation et au nombre d'itérations: plus le nombre d'itérations est élevé plus l'estimation des paramètres de régularisation s'améliore et par conséquent l'identification est satisfaisante. Aussi, il nous a été difficile de dire que la mesure des rotations favorise une bonne reconstruction par rapport à la mesure des translations, vu que chacune des mesures a donné de bons résultats. Toutefois, il est à souligner que dans le cas d'actions multiples de natures différentes, les moments n'ont pas été bien estimés.

Pour simplifier le problème d'identification des chargements, on a effectué une sous-identification: systématiquement, on considère que les moments sont nuls ce qui, si une pression est appliquée, n'est évidemment pas exact. Les résultats ont montré que cette sous-identification est satisfaisante.

Enfin, on a essayé de tester dans une configuration de chargement plus complexe, s'il est possible de retrouver la zone de chargement à partir de l'identification de toutes les forces du maillage. Les résultats obtenus lors de cette application nous semblent excellents. Par conséquent, ces résultats montrent que l'approche bayésienne semblerait être très bien adaptée pour mettre en évidence qu'il est possible de localiser la zone de chargement par un processus de reconstruction du dit chargement.

Conclusion et perspectives

La première partie de ce livre était consacrée à une revue bibliographique qui nous permis de situer la problématique liée au problème d'identification de chargements multiples agissant sur une structure élastique. Nous avons ainsi dégagé les points essentiels abordés dans la littérature scientifique relative à ce domaine. Les hypothèses, la mise en équation et les difficultés associées au problème inverse d'identification de forces ont été signalées. Nous avons illustré l'approche déterministe de régularisation visant à obtenir une solution acceptable de ce problème qui est généralement mal-posé. Les différentes méthodes classiques de régularisation (Tikhonov, TSVD, TGSVD) ont été appliquées sur des structures travaillant dans le domaine linéaire.

L'approche déterministe de régularisation visant à identifier des chargements multiples a montré certaines limites: l'identification de plusieurs chargements est souvent peu satisfaisante en raison de la difficulté fondamentale liée à la détermination du paramètre de régularisation dont souffrent les méthodes de régularisation classiques. Dès lors, nous nous sommes demandés si l'approche probabiliste bayésienne ne pourrait pas donner de meilleurs résultats dans le cas d'une reconstruction multiple de chargements, c'est-à-dire là où l'approche déterministe de régularisation a montré ses limites.

Nous nous sommes alors attelés dans le chapitre 3 de ce mémoire à creuser la résolution du problème inverse dans le cadre de l'approche probabiliste bayesienne. La solution des problèmes inverses au sens bayésien se présente sous la forme d'une loi de probabilité appelée densité de probabilité a postériori. La construction de cette loi de probabilité passe par la prise en compte de la densité de probabilité a priori qui reflète le degré d'information que nous avons sur le paramètre d'intérêt avant sa mesure et la densité de probabilité de vraisemblance qui modélise la loi des observations. Pour s'affranchir des difficultés liées au fait que l'information a priori est rarement exhaustive, nous nous sommes dirigés vers un modèle hiérarchique bayésien et l'échantillonnage de Gibbs. Le lien entre l'approche probabiliste bayesienne et la régularisation de Tikhonov a été illustré. Nous avons ensuite exhibé un nouvel outil, en l'occurrence une procédure récente qui a été développée dans le cadre de la représentation des signaux creux en permettant de les représenter par compression sans perte notable d'information: *compressive sensing* (acquisition compressée). Cette technique a été largement utilisée dans le domaine du traitement d'image par exemple et nous l'avons adaptée au problème inverse d'identification des forces multiples qui nous intéresse ici. Nous avons alors approfondi les questions pratiques liées à la mise en œuvre de cette technique et en particulier son comportement dans le processus de reconstruction de forces dans le domaine temporel à base de l'approche bayesienne hiérarchique. La reconstruction simultanément de plusieurs chargements appliqués en différents points de la structure ou encore une pression appliquée de manière uniforme ont été les problèmes clés que nous avons examinés. Nous avons tenu compte par ailleurs que cette reconstruction doit être conduite dans le cas où l'inversion est affectée par le bruit de mesure et en présence des incertitudes de modèle.

Nous avons opté pour effectuer la compression de données par projection sur une base d'ondelettes de type Daubechies. Les essais numériques que nous avons réalisés dans ces conditions nous ont permis de conclure que l'approche bayesienne hiérarchique couplée au *compressive sensing* permet une régularisation intrinsèque du problème. Elle s'est avérée bien adaptée dans le cas de la structure que nous avons étudiée et qui a été modélisée par des équations analytiques simplifiées.

Afin de bien juger de la qualité de l'approche que nous avons proposée dans un contexte plus général où la structure est modélisée par éléments finis, nous avons considéré dans le dernier chapitre l'identification d'actions multiples et de différentes natures s'exerçant sur une poutre élastique en flexion: les actions à identifier étaient des forces et des moments engendrés par une pression répartie sur une zone de la poutre, laquelle a été modélisée par des éléments poutres selon l'hypothèse d'Euler-Bernoulli. L'identification s'est avérée excellente.

Nous avons testé aussi la capacité de la méthode à identifier une force nulle et les résultats obtenus étaient fortement concluants. L'identification d'une force nulle est intéressante en soi, d'un point de vue numérique, afin de juger de la stabilité de la méthode. Mais dans notre cas nous avions comme objectif de l'employer afin de procéder à la localisation du chargement appliquée, dans la mesure où une force nulle est un témoin qui signifie que l'on est en dehors de la zone d'impact. La force nulle est de ce point de vue exploitée comme un indicateur de ce domaine. Les expériences numériques que nous avons conduites nous ont permis d'apprécier le comportement de la démarche que nous avons proposée. Les résultats ont été tout à fait prometteurs et la qualité de l'identification s'est améliorée avec le nombre de degrés de libertés mesurés.

Pour stabiliser davantage l'inversion couplant localisation et reconstruction, nous avons proposé d'éliminer a priori tous les efforts jugés faibles et qui n'admettent qu'une faible contribution énergétique. Approche que nous avons appelée: sous-identification. Les résultats obtenus ont montré que la sous-identification améliore considérablement le processus d'identification et augmente la précision.

L'ensemble des résultats obtenus lors des différentes applications nous semblent très prometteurs et permettent de qualifier l'approche bayesienne comme étant susceptible de résoudre de manière systématique la localisation et la reconstruction d'un multi-impact se produisant sur une structure linéaire.

Un grand nombre de questions n'ont pas été abordées et peuvent faire l'objet de la suite de nos futurs travaux de recherche, en particulier nous pouvons citer les points suivants:

- L'idée de l'identification avec moins de capteurs qu'il y a de chargements est une piste à creuser davantage afin de réussir une localisation dans cette optique.

- Il serait intéressant d'analyser l'effet du modèle sur la solution, lorsque le modèle est numérique ou bien établi expérimentalement par l'approche dite convolution aveugle.

- Nous n'avons considéré que le cas d'une structure linéaire, dans la pratique la structure va manifester un certain comportement non linéaire de type plastique ou propagation de fissure de fatigue et il serait intéressant d'analyser la résolution du problème inverse dans ces conditions par l'approche que nous avons proposée.

- L'étude de l'effet du nombre et de l'implantation des capteurs en fonction de la taille du problème considéré constitue un problème pratique important.

- Nous avons utilisé pour le *compressive sensing* une projection sur une base d'ondelettes qui dérive de l'ondelette mère de Daubechies, il serait intéressant d'étudier l'effet d'autres projections ou bien tout simplement l'ordre de la base d'ondelettes afin d'effectuer une optimisation à ce niveau.

- On pourrait aussi étudier la généralisation de la démarche proposée à l'analyse des problèmes de détection de fissures et de dommages ou bien dans le cas du problème inverse envisagé pour le recalage du modèle.

Bibliographie

[1] J. Hadamard, Sur les problèmes aux dérivées partielles et leur signification physique, volume 13, Princeton : University Bulletin, p. 49-52, 1902.

[2] A. Tarantola, Inverse Problem Theory and Methods for Model Parameter Estimation, SIAM, 2005.

[3] J.-F. G. Guy Demoment, Jérôme Idier, A. Mohammad-Djafari, Problèmes inverses en traitement du signal et de l'image, Techniques de l'ingénieur.

[4] S.-J. Kim, S.-K. Lee, Identification of impact force in thick plates based on the elastodynamics and time-frequency method (ii), Journal of Mechanical Science and Technology 22 (2008) 1359–1373.

[5] A. N. Tikhonov and V. Y. Arsenin, Solutions of ill-posed problems, Wiley, New York, 1977.

[6] P. C. Hansen , The L-curve and its use in the numerical treatment of inverse problems, Tech. Report, IMM-REP 99-15, Dept. of Math. Model, Tech. Univ. of Denmark, 2000.

[7] D. T.Tran, Reconstruction de sollicitations dynamiques par méthodes inverses, Thèse de doctorat, Université Claude Bernard Lyon 1, 29 Août 2014

[8] P. Hansen, Rank-Deficient and Discrete III-Posed Problems, SIAM Monographs on Mathematical Modeling and computation, 1998.

[9] F. E. Khannoussi, A. Hajraoui, A. Khamlichi, A. Elbakari, R. Dkiouak, E. Jacquelin, A. Limam, Reconstruction of a distributed force impacting an elastic rectangular plate, Journal of Basic and Applied Scientific Research 1 (2010) 20–30.

[10] J. Doyle, Further developments in determining the dynamic contact law, Experimental Mechanics 24 (1984) 265–270.

[11] J. Doyle, An experimental method for determining the location and time of initiation of an unknown dispersing pulse, Experimental Mechanics 27 (1987) 229–233.

[12] J.Doyle, Determining the contact force during the transverse impact of plates, Experimental Mechanics 27 (1987) 68–72.

[13] E. Jacquelin, A. bennani, P. Hamelin, Paramètre liés a reconstruction d'une force d'impact, in : XV ème Congrès Francais de Mécanique, nancy, 3-7 Septembre, 2001.

[14] E. Jacquelin, A. Bennani, P. Hamelin, Force reconstruction analysis and regularization of a deconvolution problem, Journal of Sound and Vibration 265 (2003) 81–107.

[15] S.-J. Kim, S.-K. Lee, Identification of impact force in thick plates based on the elastodynamics and time-frequency method (ii), Journal of Mechanical Science and Technology 22 (2008) 1359–1373.

[16] E. Wu, T. T. sai, C. Yen, Two methods for determining impact-force history on elastic plates, Experimental Mechanics 35 (1995) 11–18.

[17] C. Chang, C. Sun, Determining transverse impact force on a composite laminate by signal deconvolution, Experimental Mechanics 29 (1989) 414–419.

[18] Z. Boukria, Caracterisation des impacts sur une galerie pare-blocs structurellement dissipant, Ph.D. thesis, L'Université de Savoie (2009).

[19] Z. Boukria, P. Perrotin, A. Bennani, Experimental impact force location and identification using inverse problems, application for a circular plate, International journal of mechanics 5.

[20] A. A. Uslua, K. Y. Sanliturkb, M. Gui, Force estimation using vibration data, in : Inter-noise, istanbul, Turkey, 28-31 august 2007.

[21] T. Uhl, The inverse identification problem and its technical application, Archive of Applied Mechecanics 77 (2007) 325–337.

[22] C. Ma, J.-M. Chang, D.-C. Lin, Input forces estimation of beam structures by an inverse method, Journal of Sound and Vibration 259(2) (2003) 387–407.

[23] T. Nakamura, H. Igawa, A. Kanda, Inverse identification of continuously distributed loads using strain data, Aerospace Science and Technology.

[24] N. Hu, H. Fukunaga, S. Matsumoto, B. Yan, X. Peng, An efficient approach for identifying impact force using embedded piezoelectric sensors, International Journal of Impact Engineering 34 (2007) 1258–1271.

[25] R. Adams, J. F. Doyle, Multiple force identification for complex structures, Experimental Mechanics 42 (2002) 25–36.

[26] K. Liu, S.S.Law, X.Q.Zhu, Y.Xia, Explicit form of an implicit method for inverse force identification, Journal of Sound and Vibration 333 (2014)730–744

[27] J. Doyle, A wavelet deconvolution method for impact force identification, Experimental Mechanics 37 (1997) 403–408.

[28] S.-J. Kim, S.-K. Lee, Identification of impact force in thick plates based on the elastodynamics and time-frequency method (ii), Journal of Mechanical Science and Technology 22 (2008) 1359–1373.

[29] T. W. Lim, W. Pilkey, A solution to the inverse dynamics problem for lightly damped flexible structures using a model approach, Computers & structures 43 (1992) 53–59.

[30] E. Wu, J.-C. Yeh, C.-S. Yen, Identification of impact forces at multiple locations laminated plates, AIAA Journal 32 (1994) 2433–2439.

[31] R. Busby, M. Trujillo, Solution of an inverse dynamics problem, Computers and Structure 25 (1987) 109–117.

[32] Y. R. Kim, K. J. Kim, Indirect input identification by modal technique, Proceedings of SPIE, the International Society for Optical Engineering 3089 (2) (1997) 1263–1269.

[33] M. Martin, J. Doyle, Impact force identification from wave propagation responses, International Journal of Impact Engineering 18 (1) (1996) 65 – 77.

[34] A. A.N.Thite, T. D.J., Selection of response measurement locations to improve inverse force determination, Applied Acoustics 67 (2006) 797–818.

[35] Q. Jiang, H. Hu, Reconstruction of distributed dynamic loads on an euler beam via mode-selection and consistent spatial expression, Journal of Sound and Vibration 316 (2008) 122–136.

[36] S. Granger, L. Perotin, An inverse method for the identification of a distributed random excitation acting on a vibrating structure part 1 : theory, Mechanical Systems and Signal Processing 13 (1999) 53–65.

[37] J. Zhu, Z. Lu, A time domain method for identifying dynamic loads on continuous systems, Journal of Sound and Vibration 148 (1991) 137–146.

[38] J. Doyle, An experimental method for determining the dynamic contact law, Experimental Mechanics 24 (1984) 10–16.

[39] J. F. Doyle, Determining the contact force during the transverse impact of plates, Experimental Mechanics 27 (1997) 68–72.

[40] B. Wang, C.H.Chiu, Determination of unknown impact force acting on a simply supported beam, Mechanical systems and signal processing 17 (2003) 683–704.

[41] M.T. Martin and J. F. Doyle, *Impact force location in frame structures*, International Journal of Impact Engineering 18(1), p. 79-97, 1996.

[42] J.F. Doyle, Experimentally determining the contact force during the transverse impact of an orthotropic plate, Journal of Sound and Vibration, 118 (3), p. 441–448, 1987.

[43] J.R. Sacha, On the inverse problem of rectangular plates subjected to elastic impact, part 2: further development and experimental verification, Journal Acoustic Soc. AM., 96(1), p. 181-186, 1994.

[44] P. Hansen, Rank-Deficient and Discrete III-Posed Problems, SIAM Monographs on Mathematical Modeling and computation, 1998.

[45] A. N. Tikhonov and V. Y. Arsenin, Solutions of ill-posed problems, Wiley, New York, 1977.

[46] P. C. Hansen , The L-curve and its use in the numerical treatment of inverse problems, Tech. Report, IMM-REP 99-15, Dept. of Math. Model, Tech. Univ. of Denmark, 2000.

[47] G. Golub, M. Heathand, G. Wahba, Generalized cross-validation as a method for choosing a good ridge parameter, Technometrics 21 (2) (1979) 215–223.

[48] A. Tarantola, Inverse problem theory: methods for data fitting and model parameter *estimation*, Amsterdam: Elsevier, 613 p, 1987.

[49] Bangti Jin, Jun Zou, Hierarchical Bayesian inference for Ill-posed problems via variational method, Journal of Computational Physics 229 (2010) 7317–7343.

[50] Richard C. Aster, B. Borchers, C. H. Thurber, Parameter Estimation and Inverse Problems, 2013 Elsevier Inc.

[51] D. Gibert, F. Lopes, Théorie de l'information (problèmes inverses & traitement du signal). Cours, Institut de Physique du Globe de Paris (2011-2012).

[52] H. Ayasso, Une approche bayésienne de l'inversion. application à l'imagerie de diffraction dans les domaines micro-onde et optique, Ph.D. thesis, Faculté des Sciences d'Orsay - Université Paris X1 (2010).

[53] J. Kaipio, E. Somersalo, Statistical and computational inverse problems, Springer, 2010.

[54] Jiuwen Cao Zhiping Lin, Bayesian signal detection with compressed measurements, Information Sciences 289 (2014) 241–253

[55] Yu-Lin He, R.Wang, S. Kwong, Xi-Zhao Wang, Bayesian classifiers based on probability density estimation and their applications to simultaneous fault diagnosis, Information Sciences 259 (2014) 252–268.

[56] J. Manco-Vásquez, M. Lázaro-Gredilla, D. Ramírez, , J. Vía, I. Santamaría, A Bayesian approach for adaptive multiantenna sensing in cognitive radio networks, Signal Processing 96 (2014) 228–240.

[57] H.W. Engl, M. Hanke, A. Neubauer. Regularization of Inverse Problems. Kluwer Academic Publishers, Dodrecht, The Netherlands, 2000.

[58] P.C. Tuan, C.C. Ji, L.W. Fong, W.T. Huang, An input estimation approach to on-line two dimensional inverse heat conduction problems, Numerical Heat Transfer B, 29 (1996), 345-363.

[59] J. Sanchez, H. Benaroya. Review of force reconstruction techniques. Journal of Sound and Vibration 333 (2014) 2999–3018.

[60] H. Inoue, K. Kishimoto, T. Shibuya, T. Koizumi. Estimation of impact load by inverse analysis (optimal transfer function for inverse analysis). JSME International Journal 35 (4) (1992) 420-427.

[61] L. Yu, T.H.T. Chan. Moving force identification based on the frequency-time domain method. Journal of Sound and Vibration 261 (2) (2003) 329-349.

[62] Y. Liu, S.Jr. Shepard. Dynamic force identification based on enhanced least squares and total least-squares schemes in the frequency domain. Journal of Sound and Vibration 282 (2005) 37-60.

[63] E. Zhang, J. Antoni, P. Feissel, Bayesian force reconstruction with an uncertain model, Journal of Sound and Vibration 331 (4) (2012) 798–814.

[64] K.-V. Yuen, Bayesian Methods For Structural Dynamics and Civil Engineering, John Wiley & Sons (Asia), 2010.

[65] E.T Jaynes. Probability theory: the logic of science. Cambridge University Press, 2003. 5,15

[66] Christian P. Robert, Le choix bayésien Principes et pratique (Page 11), Springer-Verlag France, Paris, 2006.

[67] E. Zhang, Etude de problèmes inverses en dynamique des structures par inférence bayésienne (Recalage de modèle et reconstruction des efforts), Thèse de doctorat Université de Technologie Compiègne, 5 mars 2010.

[68] N. Metropolis, A.W. Rosenbluth and M.N. Teller, Equations of state calculations by fast computing machines, journal of chemical physics, 21:1087-1091, 1953.41,42.

[69] W.K. Hastings, Monte Carlo Sampling Methods using Markov Chains and their applications, Biometrika, 57:97-109, 1970. 41,42.

[70] W.R. Gilks, S. Richardson and D.J. Spiegelhalter. Markov Chain Monte Carlo in practice. Chapman and Hall / CRC, 1996. 41.

[71] S. Geman and D. Geman, Stochastic relaxation, Gibbs distributions and the Bayesian restoration of images. IEEE transactions on pattern analysis and machine intelligence, 6(6): 721-741, 1984. 41,43

[72] G. Casella and E.I. George, Explaining the Gibbs sampler, The American statistician, 46(3):167-174,1992.41.

[73] J.R. Norris, Markov Chains, University of Cambridge, 1998.41.

[74] G.O.Roberts and R.L. Tweedie, Geometric convergence and central limit theorems for multidimensional hastings and Metropolis algorithms, Biometrika, 83(1):95-110,1996. 42

[75] Y.Dodge, G. Melfi, Premiers pas en simulation, Springer-Verlag France, 2008

[76] G.O. Roberts and N.G. Polson, On the geometric convergence of the Gibbs sampler, journal of the royal statistical society, 56(2):377-384, 1994. 43.

[77] L. Tierney, Markov Chains for exploring posterior distributions, annals of statistics, 22(4): 1701-1728, 1994. 43.

[78] J.Geweke, Evaluating the accuracy of sampling-based approaches to the calculation of posterior moments, 1992. 48.

[79] R. Christian and M.A. Tanner, Facilitating the Gibbs sampler: the Gibbs stopper and the griddy-Gibbs sampler, journal of the American statistical association, 87(419):861-868, 1992.

[80] A. Gelman and D.B. Rubin, Inference from iterative simulation using multiple sequences, statistical science, 7:457-511, 1992.

[81] A. Zellner and C. Min, Gibbs sampler convergence criteria, Journal of the American statistical association, 90(431):921-927, 1995.

[82] C. Robert, Méthodes de Monte Carlo par chaînes de Markov, Economica, 1996.

[83] Fabrice D, Matrices aléatoires et norme L1 pour le compressed sensing, Mémoire pour le Master 2 de Statistique Mathématique, université de rennes 1 (France). Année 2012-2013

[84] R. Baraniuk, M.A. Davenport, M.F. Duarte, C. Hegde, An Introduction to Compressive Sensing, Rice University, Houston, Texas, http://cnx.org/contents/f70b6ba0-b9f0-460f-8828-e8fc6179e65f@5.12/An_Introduction_to_Compressive

[85] Xing Tan and Jian Li, Efficient Sparse Bayesian Learning via Gibbs Sampling, 978-1-4244-4296-6/10/$25.00 ©2010 IEEE .

[86] Shihao Ji, Ya Xue, and Lawrence Carin, Bayesian Compressive Sensing, IEEE Trans. Signal Processing 56 (6) (2008) 2346–2356.

[87] Lihan He and Lawrence Carin, Exploiting structure in wavelet-based bayesian compressed sensing, IEEE Transactions on Signal Processing).

[88] Ahmed A. Quadeer and Tareq Y. Al-Naffouri, Structure-Based Bayesian Sparse Reconstruction, IEEE Trans. on Signal Processing, 16 July 2012.

[89] E. Candès, J. Romberg, T. Tao. Robust uncertainty principles: exact signal reconstruction from highly incomplete frequency information. IEEE Trans. Information Theory 52(2):489–509, 2006.

[90] J.A. Tropp, A.C. Gilbert. Signal recovery from partial information via orthogonal matching pursuit. IEEE Transactions on Information Theory, 53(12), 2007.

[91] D.L. Donoho, Y. Tsaig, I. Drori, J.C. Starck. Sparse solution of underdetermined linear equations by stagewise orthogonal matching pursuit. IEEE Transactions on Information Theory, Vol. 58, No. 2, February 2012 .

[92] Y. Tsaig, D.L. Donoho. Extensions of compressed sensing. Signal Processing 86 (3) (2006) 549-571.

[93] J. Haupt, R. Nowak. Signal reconstruction from noisy random projections. IEEE Trans. Information Theory 52 (9) (2006) 4036–4048.

[94] S. Ji, Y. Xue, L. Carin. Bayesian compressive sensing. IEEE Trans. Signal Processing 56 (6) (2008) 2346–2356.

[95] D. Merhej, Intégration de connaissances a priori dans la reconstruction des signaux parcimonieux : Cas particulier de la spectroscopie RMN multidimensionnelle, Thèse de doctorat, Institut National des Sciences Appliquées de Lyon, 10 février 2012.

[96] E. Candès, J. Romberg, T. Tao. Robust uncertainty principles: exact signal reconstruction from highly incomplete frequency information. IEEE Trans. Information Theory 52(2):489–509, 2006.

[97] J.A. Tropp, A.C. Gilbert. Signal recovery from partial information via orthogonal matching pursuit. IEEE Transactions on Information Theory, 53(12), 2007.

[98] D.L. Donoho, Y. Tsaig, I. Drori, J.C. Starck. Sparse solution of underdetermined linear equations by stagewise orthogonal matching pursuit. IEEE Transactions on Information Theory, Vol. 58, No. 2, February 2012 .

[99] Y. Tsaig, D.L. Donoho. Extensions of compressed sensing. Signal Processing 86 (3) (2006) 549-571.

[100] J. Haupt, R. Nowak. Signal reconstruction from noisy random projections. IEEE Trans. Information Theory 52 (9) (2006) 4036–4048.

[101] S. Ji, Y. Xue, L. Carin. Bayesian compressive sensing. IEEE Trans. Signal Processing 56 (6) (2008) 2346–2356.

[102] C.J. Earls. Bayesian inference of hidden corrosion in steel bridge connections: Non-contact and sparse contact approaches. Mechanical Systems and Signal Processing 41 (2013) 420–432.

[103] C. Lalanne, Chocs mécaniques, Hermès, 1999.

[104] H. Inoue, N. Ikeda, K. Kishimoto, T. Shibuya, T. Koizumi, Inverse analysis of the magnitude and direction of impact force, JSME International Journal Series A 38 (84-

[105] Q. Leclère, C. Pezerat, B. Laulagnet, and L. Polac, Indirect measurement of main bearing loads in an operating diesel engine. Journal of Sound and Vibration, 286(1-2):341-361, 2005.

[106] S. Lee, Identification of impact force in thick plates based on the elastodynamics and time-frequency method (i), Journal of Mechanical Science and Technology 22 (2008) 1349–1358.

[107] Y. Liu, W. S. S. Jr, An improved method for the reconstruction of a distributed force acting on a vibrating structure, Journal of Sound and Vibration 291 (2006) 369–387.

[108] M. Djamaa, N. Ouelaa, C. Pezeratb, J. Guyader, Reconstruction of a distributed force applied on a thin cylindrical shell by an inverse method and spatial filtering, Journal of Sound and Vibration 301 (2007) 560–575.

[109] F. E. Khannoussi, A. Hajraoui, A. Khamlichi, A. Elbakari, R. Dkiouak, E. Jacquelin, A. Limam, Reconstruction of a distributed force impacting an elastic rectangular plate, Journal of Basic and Applied Scientific Research 1 (2010) 20–30.

[110] J. Doyle, A genetic algorithm for determining the location of structural impacts, Experimental Mechanics 34 (1994) 37-44.

[111] H. Inoue, K. Kishimoto, T. Shibuya, Experimental wavelet analysis of flexural waves in beams, Experimental Mechanics 36 (1996) 212-217.

[112] L. Gaul, S. Hurlebaus, Identification of the impact location on a plate using wavelets, Mechanical Systems and Signal Processing 12 (6) (1998) 783-795.

[113] B. T. Wang, H. Hu, Prediction of unknown harmonic force acting on beam by pvdf sensors, in : 17th International Conference on Adaptive Structures and Technologies, Taipei, Taiwan, 2006.

[114] S. Zheng, L. Zhou, X. Lian, K. Li, Technical note : Coherence analysis of the transfer function for dynamic force identification, Mechanical Systems and Signal Processing 25 (2011) 2229–2240.

[115] H. Sekine, S. Atobe, Identification of locations and force histories of multiple point impacts on composite isogrid-stiffened panels, Composite Structures 89 89 (2009) 1–7.

[116] M. Martin, J. Doyle, Impact force location in frame structures, International Journal of Impact Engineering 18 (1) (1996) 79 – 97.

[117] R. Hashemi, M. y, Vibration base identification of impact force using genetic algorithm, World Academy of Science, Engineering and Technology 36.

[118] E. Wu, J.-C. Yeh, C.-S. Yen, Identification of impact forces at multiple locations laminated plates, AIAA Journal 32 (1994) 2433–2439.

[119] K. Choi, F. Chang, Identification of impact force and location using distributed sensors, AIAA Journal 34 (1996) 136–142.

[120] B.-T. Wang, Prediction of impact and harmonic forces acting on arbitrary structures theoretical formulation, Mechanical Systems and signal processing 16 (2002) 935–953.

[121] N. Hu, H.Fukunaga, A new method for health monitoring of composite structures through identification of impact force, Journal of Advanced Science 17, no.1&2 (2005) 82–89.

[122] P. Lee. Bayesian Statistics: An Introduction. Arnold Publication, Wiley, New York, USA, 1997.

[123] W. Gilks, S. Richardson, D. Spiegelhalter. Markov Chain Monte Carlo in Practice. Chapman and Hall, CRC Interdisciplinary Statistics Series, Taylor & Francis and the Taylor & Francis Group, Oxford, UK, 1995.

[124] E. Turco. Is the statistical approach suitable for identifying actions on structures? Computers and Structures 83 (2005) 2112-2120.

[125] D.J. Wilkinson , S.K.H. Yeung. A sparse matrix approach to Bayesian computation in large linear models. Computational Statistics & Data Analysis 44 (2004) 493-516.

[126] E. J. Candès, M. B. Wakin. An introduction to compressive sampling. IEEE Signal Processing Magazine, pp. 21-30, March 2008.

[127] E. J. Candès, J. Romberg. Sparsity and incoherence in compressive sampling. Inverse Problems, 23(3):969-985, 2007.

[128] Zhanli Hu, Dong Liang, Dan Xia, Hairong Zheng. Compressive sampling in computed tomography: Method and application. Nuclear Instruments and Methods in Physics Research A 748 (2014) 26–32.

[129] S. Mallat. A Wavelet Tour of Signal Processing, second ed. Academic Press, 1998.

[130] E. J. Candès, M.B. Wakin. An introduction to compressive sampling. IEEE Signal Processing Magazine, 25(2):21–30, 2008.

[131] B. Hillary, D. Ewins, The use of strain gauges in force determination and frequency response function measurements, in : 2nd international modal analysis conference, Orlando FL USA, 1984, pp. 627–634.

Zeitfracht Medien GmbH
Ferdinand-Jühlke-Straße 7
99095 Erfurt, Deutschland
produktsicherheit@kolibri360.de

Druck:
CPI Druckdienstleistungen GmbH
im Auftrag der
Zeitfracht Medien GmbH
Ein Unternehmen der Zeitfracht - Gruppe
Ferdinand-Jühlke-Str. 7
99095 Erfurt